医教融合儿童康复系列教材

儿童社交情绪理论与实务

主　编：秦立建　陈　飞　廖　勇

副主编：许天委　温壮飞　谭晓莹

中国财经出版传媒集团

经济科学出版社
Economic Science Press

·北 京·

图书在版编目（CIP）数据

儿童社交情绪理论与实务 / 秦立建，陈飞，廖勇主编；许天委，温壮飞，谭晓莹副主编 . -- 北京：经济科学出版社，2025. 1. --（医教融合儿童康复系列教材）. -- ISBN 978-7-5218-5962-1

Ⅰ. B84；G76

中国国家版本馆 CIP 数据核字第 2024RF5422 号

责任编辑：李　雪　袁　潋　陈赫男
责任校对：刘　娅
版式设计：王　颖
责任印制：邱　天

儿童社交情绪理论与实务

ERTONG SHEJIAO QINGXU LILUN YU SHIWU

主　编：秦立建　陈　飞　廖　勇
副主编：许天委　温壮飞　谭晓莹
经济科学出版社出版、发行　新华书店经销
社址：北京市海淀区阜成路甲 28 号　邮编：100142
总编部电话：010-88191217　发行部电话：010-88191522
网址：www.esp.com.cn
电子邮箱：esp@esp.com.cn
天猫网店：经济科学出版社旗舰店
网址：http://jjkxcbs.tmall.com
固安华明印业有限公司印装
710×1000　16 开　8.5 印张　150000 字
2025 年 1 月第 1 版　2025 年 1 月第 1 次印刷
ISBN 978-7-5218-5962-1　定价：42.00 元

丛书编委会

一、主　编

秦立建

中美联合培养博士。教授，博士生导师、博士后导师。安徽财经大学健康经济研究中心主任、安徽省社会保障研究会会长。

荷兰奈耶诺德商学院中国经济政策专家委员会专家，中国留美经济学学会会员。

陈　飞

硕士生导师、研究员。先后就读于香港大学医疗管理专业硕士、葡萄牙里斯本大学（ISCTE-University Institute of Lisbon）公共卫生与医疗管理专业博士，中欧国际工商学院（SHS）。

正德康复学术委员会主席，香港正德医疗健康产业集团联合创始人。

廖　勇

管理学博士，曾先后在菲律宾雅典耀大学、莱西姆大学工作。现任菲律宾克里斯汀大学副校长，主管国际教育。菲律宾重庆商会首届会长，重庆万州籍海外侨领、重庆第六届政协华侨列席代表，重庆市万州区第四届侨联荣誉主席。

二、副主编

许天委

琼台师范学院教授，海南省儿童认知与行为发展重点实验室副主任。

温壮飞

儿科副主任医师，海口市妇幼保健院妇幼保健部负责人。

谭晓莹

广州认知睡眠医学中心主任。

三、学术委员会

（以下名单皆以姓名拼音首字母为序）

主席：

刘国恩 北京大学　全球健康研究院 院长

成员：

陈小桃 海南大学

Fangzhen TAO 中国旅法工程师协会

高　平 香港澳华医疗

韩　露 海口市妇幼保健院

何瑞材 海口市妇幼保健院

洪学标 正德（海南）康复医疗中心

贾晨露 儿康医生集团（海南）有限公司

李碧丹 正德（海南）康复医疗中心

李丹丹 广西壮族自治区人民医院认知睡眠中心

刘晋宇 吉林大学

刘哲峰 中国医师协会健康传播工作委员会

唐文忠 海南现代妇女儿童医院

王　冬 南方医科大学

吴良宇 海口市妇幼保健院

王益超 湖南省妇幼保健院

吴岳琛 海南树兰博鳌医院

Wen Zhao（加拿大） 正德（海南）康复医疗中心

朱　彬　海口市妇幼保健院

周邦婷　天赋医联专科门诊部

周　嫚　北京葆德医管

张　群　预小护中医门诊部

周文龙　海南省儿童认知与行为发展重点实验室

赵艳君　上海尊然医院

四、编委会成员

（以下名单皆以姓名拼音首字母为序）

邓燕妮　正德（海南）康复医疗中心

郭家玲　湖南省妇幼保健院

高静婷　正德（海南）康复医疗中心

葛　林　正德（海南）康复医疗中心

何伟军　湖南省妇幼保健院

何雨桥　天赋医联专科门诊部

贾文静　正德（海南）康复医疗中心

刘旭茜　正德（海南）康复医疗中心

李　怡　正德（海南）康复医疗中心

刘雅卓　海南现代妇女儿童医院

邱尚峰　湖南省妇幼保健院

石　慧　湖南省妇幼保健院

桑汉斌　琼台师范学院

孙　沛　正德（海南）康复医疗中心

伍金凤　海口市妇幼保健院

王　珏　海口市妇幼保健院

3

夏佩伊　正德（海南）康复医疗中心

谢三花　正德（海南）康复医疗中心

于梦非　健康报社

赵　惠　吉林省听力语言康复中心

五、美术编辑

郑文山

周池荷

序 ORDER

儿童是国家的未来，民族的希望。

儿童时期的健康将对其一生的发展产生深远影响。党和国家一直高度重视儿童健康和现代儿童康复事业。因为促进儿童健康成长，能够为国家高质量可持续发展提供宝贵资源和不竭动力，是建设中国式现代化国家，实现民族伟大复兴的必然要求。

我国现代儿童康复事业虽然起步较晚，但改革开放以来发展迅速，取得了举世瞩目的显著成就。正值我国现代儿童康复事业发展面临大好机遇和严峻挑战的新形势下，由秦立建教授、陈飞博士、廖勇博士主编的"医教融合儿童康复系列教材"应时而生，付梓面世。这是一件可喜可贺的盛事。

这部"医教融合儿童康复系列教材"共有 8 册，分别是《儿童康复理论与实务概论》《儿童物理康复教程》《儿童感觉统合理论与实务》《儿童作业康复治疗教程》《儿童认知理论与实务》《儿童语言理解与表达康复教程》《儿童社交情绪理论与实务》《儿童中医康复理论与实务》。毫不夸张地说，这部系列教材包括了现代儿童康复的各个方面、各个环节和各个阶段，是一部适合儿童康复教育选用的好教材，也是一部值得广大儿童康复师和儿童康复工作者认真阅读的适用读本。

这部"医教融合儿童康复系列教材"的显著特征，是坚持理论与实践相结合，坚持守正创新、将问题导向与目标导向相统一，将知识性、专业性、实操性、趣味性融为一体。教材编撰者紧跟时代步伐，紧扣儿童康复事业发展大势，拓展丰富教材内容，探索创新教材编撰方式，以医疗、康复、教育、科研的深度融合为切入点，将儿童康复所需的临床医学、康复治疗学、特殊教育学、运动康复学、心理学等相关知识融会贯通于系列教材中。此外，这部系列教材还采用模块化的内容设计，任务驱动的表现形式以及丰富有趣的实务案例，等等，较好地体现了校企合作和育训结合的教育新理念，较好地体现了既科学严谨又生动活泼的学术风格。

这部"医教融合儿童康复系列教材"的面世，对于我国方兴未艾的现代儿童康复教育具有里程碑式的意义。因为它不仅为现代儿童康复专业教育提供了系统而丰富的康复理论知识和专业技能，而且为推进我国现代儿童康复事业高质量可持续发展注入了新的发展理念、途径、举措和方式方法，令人耳目一新。

我有理由相信，这部系列教材的面世，必将对我国现代儿童康复事业教育发展产生深刻的影响，发挥积极的促进作用。儿童康复是至善至伟的事业，前行的道路却漫长艰辛。"志之所趋，无远弗届。"衷心希望志存高远的秦立建教授等专家学者踔厉奋发、再接再厉，为我国现代儿童康复事业奉献更多新的著述力作。

在这部系列教材即将付梓之际，秦立建教授邀我为该书作一序言。盛情难却，便欣然命笔，草就了如上几段粗疏的文字，寥寥为序，亦表祝贺与推介之忱。

原劳动和社会保障部副部长　王东进

2024 年 12 月于北京

前 言 PREFACE

子曰："工欲善其事，必先利其器。"——《论语·卫灵公篇》

意思是说：工匠要想使他的工作做好，一定要先让工具锋利。比喻要做好一件事，准备工作非常重要。对于一名优秀的儿童康复师来说，最称手的工具无疑是一套理论与实操兼备的教材。

对于儿童来说，康复的这段日子是他们在生命旅途中遇到的挑战和困难，这些挑战可能来自他们的生理或心理发展过程。然而，无论这些挑战是什么，我们都应该相信，每个孩子都有能力克服这些挑战，发挥他们的潜力。儿童康复师就是他们挑战旅途的领路人和陪伴者，只有我们足够强大，才能更好地陪伴孩子走过这段旅途。帮助儿童康复师们不断变强大，遇见更好的自己，就是我们编写这套"医教融合儿童康复系列教材"的初衷。

教材是教育的基石，是知识的载体，是学习的工具。它不仅传递知识，更传递着一种精神，一种追求真理、探索未知的精神。编写这套系列教材，我们力求做到内容丰富、结构合理、语言生动，让每一位读者都能在阅读中感受到知识的魅力，激发他们的求知欲望。

在编写过程中，我们注重理论与实践的结合，注重知识的系统性与连贯性，注重学习的趣味性与启发性。我们充分考虑到读者的学习需求和学习习惯，力求使教材既适合教师教学，又适合学生自学。

本书的完成得到了众多朋友、同仁的支持与帮助，在此向他们表示衷心的感谢。本书由秦立建、陈飞、廖勇和编委会委员共同构思，具体写作由部分教师执行。本书由八章构成，均由许天委、谭晓莹、李丹丹、周邦婷、何雨桥等老师编写，其中许天委老师撰写字数不少于 2 万字，谭晓莹老师撰写字数不少于 2 万字。本书中插入的照片已获得本人的同意，拍摄的时候克服了许多困难，在此对康复治疗师冯婉贻、王路行，和小朋友宋安佳齐、赵佩瑜、赵孜瑶提供的支持表示衷心的感谢。此外，还有众多老师做了大量优秀的工作，在这里就不一一致谢了！

总之我们的目标是，通过这套系列教材让每一位读者都能掌握扎实的基础知识，培养独立思考的能力，形成科学的学术观。我们希望，每一位读者都能在学习的过程中，发现自己的兴趣，找到自己的方向，实现自我价值。

未来，我们将继续优化教材内容，更新教材版本，以适应社会的发展，满足读者的需求。我们相信，只有不断进步，才能更好地服务于康复，服务于教育，服务于社会。

每一本书都是一座灯塔，照亮我们前进的道路。这套系列教材，就是我们为你们点亮的一盏灯，希望它能引导你们在知识的海洋中航行，发现更多的美好。让我们一起，启航知识的海洋，探索未知的世界。

作　者

2024 年 12 月

目 录 CONTENTS

第一章 基本理论

第一节　儿童社交能力发展

　　儿童社交能力发展是指儿童在日常生活中与他人交往和沟通时，逐渐获得和发展社交技能、情感认知和社会认知能力的过程。它是儿童成长过程中至关重要的一部分，对他们的心理、情感和认知发展具有深远影响。本小节将详细探讨儿童社交能力发展的重要方面、影响因素以及儿童社交能力发展的基础理论。

　　儿童社交能力发展从婴儿期便开始慢慢出现。儿童通过眼神交流、面部表情和肢体动作与主要照顾者建立情感联系。这种依恋关系对儿童的社交能力发展尤为重要，恰当的依恋关系为儿童提供了安全的基础，使他们能够探索世界和与他人建立联系。

　　随着年龄的增长，儿童逐渐学会与他人进行适当的交往和沟通。他们开始使用语言来表达自己的需求和感受，并学会倾听他人的观点和意见。儿童通过与同伴一起玩耍、分享和合作，获得基本的社交技能并学会解决问题和分享资源。

　　在社交互动中，儿童还逐渐发展出对他人情感状态的敏感性和理解能力。他们能够察觉他人的情感表达，如喜悦、悲伤、愤怒等，并逐渐学会适当地回应他人的情感需求。这种情感认知的发展有助于儿童建立亲密的友谊关系，培养共情能力，并促进他们的心理健康。

　　儿童社交能力发展还涉及对他人的心理状态的理解。随着社交能力的发展，儿童开始理解他人的意图、欲望和信念，即所谓的"心理理论"。他们能够推断他人的想法和感受，并根据这些推断来调整自己的行为和互动方式。这种心理理论的发展有助于儿童更好地理解和预测他人的行为，提高他们的沟通和合作能力。

情绪调节和问题解决也是儿童社交能力发展的重要方面。儿童逐渐学会识别、表达和调节自己的情绪，并学会在社交互动中处理冲突和解决问题。他们学会倾听他人的观点，妥协和寻求解决方案，以维护和谐的关系。这种情绪调节和问题解决能力的发展有助于儿童建立积极的社交关系，增强他们的自信心和提高自尊心。

儿童的社交能力发展还涉及与同伴的互动和群体活动。随着社交能力的不断发展，儿童开始建立和维持其友谊关系，并参与群体活动。他们学会了分享、合作和协调与他人关系的行为，了解团队合作和集体身份的重要性（集体身份与个人身份不同，社交障碍儿童需要帮助其建立集体身份意识）。这种群体互动和友谊关系的发展使儿童获得归属感，促进他们的社会适应行为和情感的健康发展。

儿童社交能力发展受多种因素的影响。家庭环境、教育质量、同伴关系、文化背景等都可能影响儿童的社交能力发展。家庭环境提供了儿童最初的社交经验和情感支持，与父母的亲密关系对儿童社交能力发展起着重要作用。教育质量提供了儿童与同伴互动和学习社交技能的机会，教学方法、课堂氛围、学校的社交氛围，以及同伴互动，都会对儿童的社交能力发展产生影响，帮助儿童学会分享、合作、解决冲突等社交技能。文化背景也会塑造儿童的社交行为模式和能力。教育者的支持和指导对儿童社交能力发展至关重要。

一、依恋理论

依恋理论是心理学中用来解释人类情感发展的重要理论之一，尤其在儿童社交能力发展领域广泛应用。该理论由英国心理学家约翰·鲍尔比[1]提出，他认为儿童与抚养者之间存在特殊的情感纽带，这种纽带在很大程度上影响了儿童的情绪反应和社交行为。

在依恋理论中，儿童将抚养者视为安全基地，从他们那里获得情感支持和安慰。当儿童遇到压力或威胁时，他们会转向抚养者寻求保护。鲍尔比认为，这种情感联系是儿童社交能力发展的基础，它帮助儿童建立信任

---

① ［英］约翰·鲍尔比.安全基地：依恋关系的起源［M］.北京：世界图书出版公司，2017.

感，并学会表达自己的情感。

此外，依恋理论还强调了儿童与抚养者之间的互动关系对儿童社交能力发展的重要性。抚养者对儿童的需求和情感表达的回应方式，直接影响了儿童的社交能力发展和自我价值感。如果抚养者能够给予儿童足够的关注和安慰，那么儿童会感到被接纳和被理解，从而建立起积极的情绪反应模式。随着年龄的增长，儿童的依恋对象会从父母慢慢扩展至朋友、同学、老师、工作伙伴与伴侣等。儿童在婴幼儿时期依恋模式的建立会直接影响其青少年乃至成人期与他人的社交模式，同时对其情绪调节能力起到了重要作用。

总之，依恋理论为我们理解儿童社交能力发展提供了重要依据。它揭示了儿童与抚养者之间的情感联系在儿童情感发展中的关键作用，同时也强调了良好的情感联系对儿童心理健康的重要影响。

二、学习论

学习论强调了学习对社交能力发展的重要性。学习论认为社交行为是通过学习和经验获取形成的，个体通过观察他人和环境刺激来学习社交技能和行为模式。行为主义学习理论和认知学习理论是学习论的两个重要分支，它们探讨了如何通过刺激和反应、认知过程和思维活动来塑造社交行为。

学习论的关键假设之一是行为主义观点，即行为是学习的结果。它强调外部刺激对行为的影响，并将学习视为一种通过条件反射和习惯形成的过程。学习者通过与环境的交互作用，建立起刺激和反应之间的联系，并通过反馈和强化来调节行为。

刺激是引发学习反应的外部事件或条件。反应是个体对刺激作出的行为或反应。强化是指对于一种行为或反应的后续结果，可以增加或减少该行为的发生频率。学习过程就是通过刺激和反应之间的关联来实现的。当刺激和反应发生联系，并伴随着积极的强化，这种联系就会加强，从而促进学习的发生。

学习论还包括认知观点，它强调学习是一个主动的、有意识的过程。

认知学派^①认为，学习不仅涉及外部刺激和行为的关联，还包括个体对刺激的感知、理解和思考过程。学习者通过内部的思维、推理和问题解决来构建知识和理解。

学习论可以广泛应用于教育、培训和技能发展、医疗和特殊儿童行为干预行为矫正等领域。在教育方面，学习论为教育者提供了指导，帮助他们设计有效的教学策略和方法。例如，教师可以通过及时地反馈和强化来增强学生的学习动机。在培训和技能发展方面，学习论可以帮助设计培训课程和活动，以促进技能的习得和应用。

在医疗和心理咨询领域，学习论被用来理解和改变不良行为和解决心理问题。通过分析行为的成因和结果，康复师可以提供相关的反馈和强化，以促进积极的变化。此外，学习论还为儿童的行为管理提供了一种基础，通过设置明确的目标、制定奖励和惩罚措施，来引导和调节个体的行为。

三、社会学习论

社会学习论强调社会环境和他人对个体社交发展的影响。社会学习论认为社交行为是通过观察和模仿他人的行为学习，也包括通过社会交互和反馈获得经验和知识。阿尔伯特·班杜拉是社会学习论的重要代表，他提出了观察学习和模仿学习的概念。^②

观察学习指个体通过观察他人的行为和结果，获得新的知识、技能和行为方式。模仿学习是指个体通过模仿他人的行为和动作，来学习和掌握新的技能和行为。社会学习论认为，观察和模仿是学习的重要途径，通过观察他人的行为和结果，个体可以获取宝贵的经验和知识。

社会学习论提出了几个关键概念。首先是模型，指的是被观察和模仿的对象。模型可以是现实生活中的人，也可以是媒体中的角色。模型的行为和结果对学习者的行为产生影响，他们通过模仿模型的行为来学习新的技能和行为方式。其次是观察条件，指的是学习者在观察和模仿过程中所处的环境和情境。观察条件可以影响学习者对模型行为的注意力、记忆和

---

① 王晓明.教育心理学［M］.北京：北京大学出版社，2015.
② ［美］阿尔伯特·班杜拉.社会学习理论［M］.北京：中国人民大学出版社，2015.

模仿程度。最后是强化条件，指的是模仿行为的结果对学习者的行为产生的影响。如果模仿行为得到积极的结果和奖励，学习者将更有可能继续模仿和展示这种行为。

社会学习论还强调了社会性认知的重要性。社会性认知指的是个体对社会情境、他人行为和自己的行为的理解和解释。社会性认知包括注意力、记忆、推理和问题解决等方面。个体通过社会性认知的过程，理解他人的意图、情感和动机，从而更好地模仿和适应社会行为。

社会学习论的应用非常广泛。在教育领域，教育者可以利用社会学习论的原理来设计有效的教学策略和学习环境。他们可以提供正面的模型，鼓励学生观察和模仿优秀的行为，从而促进学生的学习和发展。在组织和领导发展方面，社会学习论可以帮助管理者建立良好的工作氛围和团队文化，通过提供积极的模型和反馈，塑造员工的行为和价值观。

此外，在社会行为和心理健康领域，社会学习论可以帮助理解和干预不良行为和问题。通过观察和模仿积极的行为和解决问题的方式，个体可以改变自己的行为模式和心理状态。在心理治疗和辅导中，社会学习论的原理可以用于培养自尊、社交技能和情绪调节等方面。

四、心理社会发展论

心理社会发展论由爱里克·埃里克森[①]提出，强调社交发展与个体的心理和社会发展密切相关。该理论认为个体在不同的发展阶段面临不同的心理和社会任务，通过解决这些任务来推动社交发展。埃里克森提出了八个心理发展阶段，从婴儿期到老年期，每个阶段都与特定的发展任务相关。

1. 婴儿期（0~1岁）

发展任务是建立基本的信任与依赖关系。婴儿需要与主要照顾者建立亲密的关系，以满足基本的生理和情感需求，从而发展出信任感。

2. 幼儿期（1~3岁）

发展任务是自主性与怀疑感的建立。幼儿通过探索和实验来发展自我

[①] 罗斯·D·帕克，阿莉森·克拉克-斯图尔特.社会性发展（心理学译丛·教材系列）[M].北京：中国人民大学出版社，2014.

意识和控制能力，同时也会面临怀疑和犹豫的情绪。

3. 学龄前期（3~6 岁）

发展任务是建立起才能与责任感。学龄前儿童开始探索社会角色和规范，发展出自我主观和积极的身份。

4. 儿童期（6~12 岁）

发展任务是培养适应性与努力。儿童开始参与学校和同伴关系，通过学习和努力来获得成就感和自我价值感。

5. 青少年期（12~18 岁）

发展任务是建立个人身份与角色。青少年探索自我认同，寻找个人价值观和生活目标，并与同伴和社会环境进行交互。

6. 早期成年期（18~29 岁）

发展任务是建立亲密关系与爱的能力。早期成年人开始建立亲密的伴侣关系和亲密的友谊，同时也面临职业发展和独立生活的挑战。

7. 中年期（29~64 岁）

发展任务是实现生产力与责任感。中年人通过工作和家庭生活来实现自我价值和责任感，同时也需要面对中年危机和人生的转折点。

8. 老年期（64 岁以上）

发展任务是回顾生活与接受死亡。老年人回顾人生，总结经验和教训，并面对生命的终结。

心理社会发展论的实际应用非常广泛。在教育领域，教育者可以根据不同阶段的发展任务，设计适应性的教学策略和环境，促进学生的全面发展。在儿童和青少年心理健康领域，心理社会发展论提供了对问题行为和情感困扰的理解和干预。

五、智能发展论

智能发展论关注智力和认知发展对社交发展的影响。该理论认为个体的智力和认知能力对社交交互和理解他人的行为起着重要作用。智能发展论的代表性理论包括皮亚杰的认知发展理论和维果茨基的社会文化理论，他们强调了个体思维和社会文化环境的互动对社交发展的重要性。

智能发展论的核心原理是个体的智力在生命周期内经历一系列的发展阶段。这些阶段在认知能力和思维方式上存在显著的差异。皮亚杰（Jean Piaget ）[①] 提出了四个主要的智力发展阶段，分别是感知期、前运算期、具体运算期和形式运算期。

1. 感知期发生在出生到约 2 岁的阶段

在这个阶段，婴儿主要通过感官和运动经验来获取信息和理解世界。他们开始发展基本的感知能力，如触觉、听觉和视觉，并逐渐建立对物体的感知和运动的控制能力。

2. 前运算期发生在 2 岁到 7 岁之间

在这个阶段，孩子开始发展出一些基本的逻辑思维能力，如分类、序列和数量概念。他们可以通过观察和操作物体来解决简单的问题，并开始展示出符号和符号代表之间的联系。

3. 具体运算期发生在 7 岁到 11 岁之间

在这个阶段，孩子开始发展出更为复杂的思维能力，如逆运算、保持运算和综合运算。他们可以进行具体的数学运算、解决逻辑问题，并开始理解他人的观点和推理能力。

4. 形式运算期发生在 11 岁及以后的阶段

在这个阶段，个体开始发展出抽象思维能力和逻辑推理能力。他们可以处理复杂的问题，从多个角度思考，进行假设和推理，并开始思考未来和抽象概念。

智能发展论的实际应用非常广泛。在教育领域，教育者可以根据不同阶段的智力发展特点，设计适应性的教学方法和活动，促进学生的认知发展。在心理评估和干预中，智能发展论可以帮助评估者了解个体的智力水平和认知能力，并为干预和支持提供指导。

这些社交基本理论提供了多个角度和框架来理解和解释社交发展的过

---

① 林崇德 . 发展心理学［M］. 北京：人民教育出版社，2008.

程。它们强调了学习、观察、社会环境、心理发展和认知能力对社交发展的重要性，为研究者、教育者和家长提供了指导和启示。通过深入理解这些理论，我们可以更好地促进儿童和青少年的社交发展，帮助他们建立良好的社交技能和健康的人际关系。

六、心理理论

普瑞马克（Premack）和伍德拉夫（Woodruff）[①] 于 1978 年提出儿童心理理论，该理论认为儿童在成长过程中会逐渐发展出理解他人的愿望、情绪和意图，并以此推知人们的行为的能力。这种能力在人际交往中起着至关重要的作用。心理理论在儿童社交能力发展中扮演着重要的角色。对于儿童来说，掌握心理理论能够帮助他们在人际交往中更好地理解自己和他人，促进他们的社交能力发展。

首先，心理理论可以帮助儿童更好地处理人际关系。在合作和竞争中，儿童需要了解他人的想法和愿望，揣测对方的意图和可能使用的策略，才能选择最佳的应对方式并获胜。心理理论能力较强的儿童能够更好地适应这种社交环境，表现出更强的社交技能。

其次，心理理论对阅读理解能力也有帮助。在日常表达中，我们有时不会直接地说出自己的想法，而是通过说反话、幽默等方式来表达。如果儿童仅仅从字面意义去理解，就很难抓住话语背后所隐藏的真正含义。而心理理论能力较强的儿童则能够通过捕捉他人的情绪和态度，更好地理解他人的真实意图，提升自己的阅读理解能力。

此外，心理理论还与儿童的社会性、道德等方面的发展息息相关。在与人交往的过程中，儿童需要了解别人的愿望、情绪和意图，并以此推知人们的行为。这种了解和推测自己或别人心理状态与行为的能力被称为心理理论。掌握心理理论能够帮助儿童更好地进行换位思考并适应新的社会生活，推动他们和陌生人相处时所需的社交能力的发展。

最后，心理理论在儿童社交能力发展中起着重要的作用。通过提升儿

---

① 王晶瑶，刘果，杨姝同，等 . 心智化：概念及其评估方法［J］. 国际精神病学杂志，2017，44（2）.

童的心理理论能力，可以帮助他们更好地理解自己和他人，提高他们的阅读理解能力和社交技能，促进他们的社会性和道德发展。

第二节　儿童情绪发展

儿童情绪发展是一个复杂的过程，涉及认知、情感、社会和环境等多个方面的交互作用。了解儿童情绪发展的基础理论有助于促进儿童的健康成长、提供支持和指导、预防和干预情绪问题，以及加强与儿童的亲密关系。下面介绍几个与儿童情绪发展相关的主要基础理论。

一、发展阶段论

发展阶段论强调儿童情绪发展是一个逐步演化的过程，不同阶段的儿童具有不同的情绪表达和调节能力。这一理论认为儿童情绪发展与其生理、认知和社会发展密切相关。例如，爱德华·斯皮尔伯格[①]提出的情绪发展阶段理论将儿童的情绪发展划分为初级情感、自我意识和情感的整合等阶段，每个阶段都与特定的情绪能力和认知发展水平相关。

在儿童发展方面，发展阶段论提出了一些经典的阶段理论。其中最知名的是让·皮亚杰的认知发展阶段理论。他认为儿童在认知发展中经历了传感期、前运算期、具体运算期和形式运算期等不同阶段。每个阶段都与特定的认知能力和思维方式相关。

在青少年和成人发展方面，发展阶段论也具有重要的意义。埃里克森提出了一种心理社会发展理论，描述了个体在整个生命周期中面临的关键任务和挑战。他认为每个阶段都有与之相关的发展任务，包括建立信任、培养自主性、发展自我身份、建立亲密关系、追求事业、培养家庭和回顾生活等。

发展阶段论的实际应用广泛存在于教育、咨询、临床和干预等领域。在教育中，了解学生所处的发展阶段有助于教师设计适应性的教学方法和

---

① 李汉松.心理学史方法论：西方心理学发展阶段论［M］.济南：山东教育出版社，2011.

活动，满足他们的发展需求。在咨询和临床领域，理解个体的发展阶段有助于评估和干预，提供恰当的支持和指导。在社会和文化领域，发展阶段论可以帮助人们更好地理解不同年龄段的人的需求和行为特征，促进相互理解和合作。

二、生态理论

生态理论由乔治·赫伯特·米尔斯[①]提出，强调了环境对儿童情绪发展的重要影响。这一理论认为儿童的情绪发展是在家庭、学校、社区等多个生态系统的影响下进行的。生态理论强调了儿童与环境的相互作用和适应性，以及儿童所处的社会文化背景对情绪表达和调节的影响。

这些情绪基本理论提供了多个视角和框架来理解儿童情绪发展。发展阶段论强调儿童情绪发展的时序性和逐步演化，帮助我们了解儿童在不同阶段的情绪表达和调节能力的变化。生态理论强调了环境对儿童情绪发展的影响，强调了社会文化背景、家庭和社区环境对情绪发展的重要性。

三、赫克哈斯和卡缪伦的情绪社会化理论

情绪社会化理论[②]认为，儿童的情绪发展不仅受到内在因素的影响，还受到外部环境和人际交往的影响。父母和其他关键成年人在儿童的情绪社会化中起着关键作用。以下是情绪社会化理论的主要观点：

1. 情绪表达

情绪社会化理论认为，儿童通过观察和模仿成年人的情绪表达来学习如何表达自己的情绪。父母和照顾者的情绪表达方式对儿童的情绪表达有着重要的影响。如果父母能够积极地表达情绪并适当地应对挫折和冲突，儿童更有可能学会积极、健康的情绪表达方式。

2. 情绪认知

情绪社会化理论强调了儿童情绪认知的发展。通过与父母和其他成

---

① 杨善华，谢立中. 西方社会学理论［M］. 北京：北京大学出版社，2017.

② William Damon. 儿童心理学手册［M］. 6版. 上海：华东师范大学出版社，2015.

年人的交互，儿童逐渐学会识别和理解不同的情绪，包括自己和他人的情绪。这种情绪认知的发展使他们能够更好地理解和解释情绪的原因和后果，以及学会适当地应对和调节情绪。

3. 情绪调节

情绪社会化理论强调了儿童情绪调节的重要性。父母和其他成年人在提供支持、安慰和指导方面起着关键作用。他们可以帮助儿童学会通过积极的情绪调节策略来应对挫折、冲突和压力。适当的情绪调节有助于儿童建立情绪稳定性、自我控制和适应能力。

4. 社会化环境

情绪社会化理论认为，儿童的情绪发展也受到家庭和社会环境的影响。儿童在家庭、学校和其他社交环境中的互动和经验对情绪发展具有重要影响。良好的家庭环境、支持性的教育环境以及与同龄人的积极互动都有助于儿童建立健康的情绪发展。

第三节　儿童的不同发展阶段中的社交情绪表现

一、建立自我概念

在儿童的自我概念发展初期（3~6岁），他们开始意识到自己是一个独立的个体，并开始形成对自己的认知和评价。在这个阶段，儿童可能表现出以下社交情绪表现：

（1）自豪和自满：当儿童取得某种成就或完成某个任务时，他们会感到自豪和自满，并希望与他人分享他们的成就。

（2）羞怯和自卑：儿童在面对新的社交场景或被关注时，可能会感到羞怯和自卑。他们可能会表现出退缩、回避和不安全的情绪。

（3）自我意识：儿童开始关注自己在社交互动中的表现和评价，他们可能会表现出对他人评价的敏感和对自己形象的关注。

二、社交沟通

在社交沟通的发展中，儿童学习与他人交流、表达自己的想法和感受，并理解他人的沟通意图。在不同的发展阶段，儿童展示出以下社交情绪表现：

（1）共享兴趣：在早期阶段（6个月至2岁），儿童会通过目光对视、笑容和声音来与他人共享兴趣，表达愉悦和亲近的情感。

（2）语言表达：在语言发展的阶段（2~6岁），儿童开始使用语言来表达自己的意思和情感。他们能够使用语言来请求、分享信息和与他人互动。

（3）听取他人观点：在中期和后期阶段（6~12岁），儿童逐渐学会倾听和尊重他人的观点和意见，并在社交互动中展示合作和共享的态度。

三、游戏技巧

游戏在儿童的社交发展中起着重要的作用。通过游戏，儿童学习合作、分享、交流和解决问题的技巧。在不同的发展阶段，儿童展示出以下社交情绪表现：

（1）平行玩耍：在幼儿期（1-3岁），儿童主要进行平行玩耍，即与其他儿童一起玩耍，但并不直接与他们互动。他们可能会表现出兴奋、好奇和喜悦的情绪（见图1-1）。

图 1-1 儿童对玩具的兴奋、好奇和喜悦

（2）合作游戏：在学龄前期（3-6岁），儿童开始参与合作游戏，与其他儿童一起玩耍、分享资源和合作解决问题。他们可能会表现出合作、分享和竞争的情绪（见图1-2）。

图1-2　合作游戏

（3）角色扮演：在中期和后期阶段（6-12岁），儿童更多地参与角色扮演游戏，他们扮演不同的角色，与其他儿童合作，并表现出想象力和情感表达（见图1-3）。

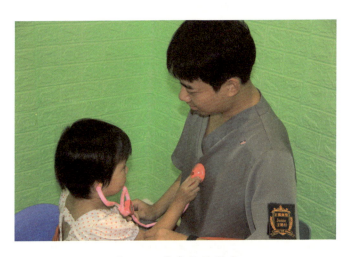

图1-3　角色扮演游戏

四、社会适应

社会适应是儿童社交发展的一个重要方面，包括适应学校、家庭和社区环境，并与他人建立健康的关系。在不同的发展阶段，儿童展示出以下社交情绪表现：

（1）分离焦虑：在早期学龄期（4~6 岁），儿童可能会经历分离焦虑，对离开父母或熟悉的环境感到不安和担心。

（2）同伴关系：在中期和后期阶段（6~12 岁），儿童开始与同伴建立密切的关系，并表现出友谊、合作和归属感。

（3）合群与排斥：在中期和后期阶段，儿童也可能面临合群和排斥的问题。他们可能会表现出追求同伴认可和担心被排斥的情绪。

五、情绪表现

儿童在成长过程中逐渐学会识别和表达自己的情绪，并理解他人的情绪。不同发展阶段的社交情绪表现有：

（1）情绪识别：在幼儿期，儿童开始学习识别基本的情绪表情，如喜悦、悲伤和愤怒，并将其与相应的情境联系起来。

（2）情绪调节：在学龄前期和学龄期，儿童逐渐学会使用适当的情绪调节策略，如深呼吸、分散注意力和寻求支持，以控制和管理他们的情绪。

（3）情绪表达：随着语言和认知能力的发展，儿童能够用言语和非言语方式表达自己的情绪，并向他人传达他们的需求和感受。

第四节　儿童社交能力与情绪的发展阶段

一、婴幼儿期（出生至 2 岁）

婴幼儿期是人类生命周期中最早的阶段，对社交与情绪发展起着关键的作用。在这个阶段，婴幼儿逐渐建立情感联系，学会表达情绪，并开始理解和回应他人的情绪。以下是关于婴幼儿期社交与情绪发展的一些重要方面：

1. 情感联系与依恋

在婴幼儿期，婴儿与主要照顾者之间建立起情感联系和依恋关系。这种联系是基于照顾者提供的关怀、保护和情感支持。通过与主要照顾者的互动，婴儿学会了寻求安慰和依靠，形成安全的依恋基础。

2. 面部表情和非言语交流

婴儿在婴幼儿期通过面部表情和非言语方式表达情绪。他们能够展示开心、悲伤、愤怒、惊讶等基本情绪表情，并通过眼神接触、微笑、哭泣等方式与他人进行交流。这种面部表情和非言语交流有助于婴儿与照顾者建立情感联系，表达自己的需求和情感状态。

3. 情绪表达与调节

在婴幼儿期，婴儿逐渐学会用声音、姿势和动作来表达情绪。他们通过哭泣、咿呀、手舞足蹈等方式向他人传达自己的情感状态。同时，婴儿也开始尝试调节自己的情绪反应，例如通过吮吸安抚物、被摇动或安慰等方式来平静下来。

4. 情绪理解与共情

婴儿在婴幼儿期逐渐开始理解他人的情绪。他们能够通过观察照顾者的面部表情和声音来识别他人的情绪状态。婴儿也表现出一定程度的共情能力，即对他人的情绪作出反应，例如当他人表达快乐时，他们会展现出积极的情感回应。

5. 社交互动与早期交往

在婴幼儿期，婴儿开始与照顾者和其他近亲属进行社交互动。这种早期交往为婴儿提供了情感支持、安全感和探索世界的基础。他们通过眼神接触、微笑、对话模仿等方式与他人互动，从中获得情感满足和学习社交技能。

6. 照顾者的情绪反应

婴幼儿期的社交与情绪发展受到照顾者的情绪反应的影响。照顾者的情绪表达和情绪调节方式对婴儿的情绪发展产生重要影响。当照顾者能够及时、适度地回应婴儿的情绪需求时，婴儿感受到情感支持和安全感，有助于培养积极的社交和情绪调节能力。

为促进婴幼儿期的社交与情绪发展，以下是一些建议的指导措施：

（1）提供安全稳定的环境：为婴儿提供安全、稳定和富有情感联系的环境，建立有爱、关怀和信任的亲密关系。

（2）积极回应婴儿的情绪：及时观察和回应婴儿的情绪表达，给予适当的情感支持和安抚，以满足其需求。

（3）鼓励面部表情互动：与婴儿进行面部表情互动，通过模仿、微笑和眼神接触来建立情感联系。

（4）建立日常交往和亲子互动：创造丰富的日常交往机会，与婴儿进行唱歌、玩耍、阅读和对话等亲子互动。

（5）鼓励和模仿婴儿的情绪表达：积极回应和模仿婴儿的情绪表达，帮助他们理解自己的情绪，并鼓励积极的情绪表达。

（6）提供安全的探索环境：为婴儿提供安全的探索环境，鼓励他们主动参与游戏和探索活动，以促进社交和情绪发展。

（7）与其他婴幼儿进行互动：鼓励婴儿与同龄儿童进行互动，参加适龄儿童的游戏活动，以培养社交技能和共情能力。

二、幼儿期（2岁至6岁）

幼儿期（2岁至6岁）是儿童社交与情绪发展的关键阶段。在这个阶段，幼儿逐渐学会与同龄人互动，发展出更复杂的社交技能，并提高情绪的认知和调节能力。以下是关于幼儿期社交与情绪发展的一些重要方面：

1.同伴关系与社交技能

在幼儿期，幼儿开始积极与同龄人进行社交互动。他们逐渐学会分享、合作、解决冲突和建立友谊关系。通过与其他幼儿的玩耍和互动，他们发展出语言沟通、倾听、等待和尊重他人的社交技能。

2. 独立性与自我表达

幼儿期的儿童开始表现出更大的独立性和自我意识。他们希望能够独立做事，表达自己的意愿和喜好。通过语言和行为表达，幼儿试图与他人分享自己的想法、感受和需求。

3. 理解他人的情绪

在幼儿期，幼儿逐渐能够理解他人的情绪。他们开始观察和识别他人的面部表情、语言和声音，并理解这些表达方式所代表的情绪。这有助于他们更好地与他人交流、理解他人的需要和情感状态。

4. 情绪调节与表达

幼儿在幼儿期开始积极探索和学习情绪调节的技能。他们通过表达自己的情绪，如开心、悲伤、生气等，来向他人传达自己的感受。同时，他们也在尝试不同的情绪调节策略，如深呼吸、找到安慰物、寻求安抚等，以应对情绪波动和挑战。

5. 规则和责任感

幼儿期的儿童开始理解社会规则和责任感的重要性。他们学会遵守规则、等待自己的轮次，并接受社交行为的限制和约束。这有助于他们在社交互动中建立积极的关系，并培养责任感和合作精神。为了促进幼儿期社交与情绪发展，以下是一些建议的指导措施：

（1）提供丰富的社交机会。

为幼儿创造与同龄人互动的机会，如参加幼儿园、社区活动或组织小型聚会。这有助于他们学习与他人合作、分享和解决冲突。

（2）培养情绪认知能力。

通过与幼儿讨论情绪、观察和描述不同情绪的表达方式，帮助他们理解和认知情绪。鼓励他们表达自己的情绪，并提供适当的情绪调节策略。

（3）引导社交技能的发展。

提供模仿和角色扮演的机会，帮助幼儿学习与他人交流、分享和合作。鼓励他们倾听他人、尊重他人的意见，并培养解决冲突的能力。

19

（4）给予积极的反馈和鼓励。

当幼儿展示积极的社交行为和情绪调节能力时，给予他们积极的反馈和鼓励。这有助于增强他们的自信心，促进社交与情绪发展。

（5）与家庭和社区合作。

与家长和教育者建立紧密的合作关系，共同关注幼儿的社交与情绪发展。交流幼儿在不同环境中的表现，分享观察和建议，以促进他们的综合发展。

三、小学阶段（6岁至12岁）

小学阶段（6岁至12岁）是儿童社交与情绪发展的重要阶段。在这个时期，孩子们逐渐离开家庭环境，开始在学校和社交圈子中建立更广泛的人际关系。同时，他们也经历着情绪和认知能力的进一步发展。以下是关于小学阶段社交与情绪发展的一些重要方面：

1. 同伴关系和友谊

在小学阶段，孩子们开始与同龄人建立深入的友谊关系。他们在学校和课外活动中与其他孩子相互交往，并在相互合作、分享和解决冲突的过程中培养社交技能。这些友谊关系对孩子的情感支持和社交发展都非常重要。

2. 情绪认知与表达

在小学阶段，孩子们的情绪认知能力不断增强。他们开始能够辨别和理解自己和他人的情绪表达，并学会使用言语和非言语方式来表达自己的情感。这包括识别自己的情绪、理解情绪引起的原因以及学会适当地表达情感。

3. 合作和团队合作

学校和课堂环境提供了良好的机会，让孩子们学习合作和团队合作的技能。通过与同学一起完成任务、参与集体活动和团队项目，孩子们学会协作、分享责任和倾听他人的意见。

4. 自我价值感和自信心

在小学阶段，孩子们开始发展自我意识和自我价值感。他们需要建立对自己的积极评价，并相信自己的能力。鼓励孩子参与各种活动，让他们体验成功和成就感，有助于培养他们的自信心和积极心态。

5. 规则和责任感

在学校和社交环境中，孩子们接触到各种规则和责任。他们开始学习遵守规则、尊重他人、承担责任和理解社会行为的重要性。这有助于培养孩子的社会意识和公民责任感。为促进小学阶段的社交与情绪发展，以下是一些建议的指导措施：

（1）提供良好的沟通和表达环境。

鼓励孩子们积极参与家庭和学校中的对话和讨论，促进他们的语言表达能力和社交交流。家长和教育者可以提供安全和支持性的环境，鼓励孩子们表达自己的想法和情感。

（2）培养合作和团队合作技能。

提供各种合作和团队合作的机会，如小组项目、集体活动和运动比赛。这有助于孩子们学会与他人协作、分享责任和解决冲突，培养团队意识和社交技能。

（3）教导情绪管理和解决冲突策略。

学习情绪管理和解决冲突的策略对小学阶段的社交与情绪发展至关重要。家长和教育者可以教导孩子们如何识别和理解自己的情绪，以及使用积极的方式来解决冲突和处理挑战。

（4）鼓励积极参与和自我表达。

给予孩子们机会参与各种活动，如体育、艺术和文化课程，以发展他们的兴趣爱好并展示自己的才能。这有助于培养孩子的自信心和自尊感，提高他们在社交中的积极参与度。

（5）培养社交责任感和尊重他人。

强调对他人的尊重、友善和互助的重要性。教育孩子们如何关心和理解他人的感受，培养他们的同理心和社交责任感。

四、青少年期（12 岁至 18 岁）

青少年期（12 岁至 18 岁）是人们生命周期中的关键阶段，对社交与情绪发展起着重要的作用。在这个时期，青少年经历着身体、认知和情感上的许多变化，他们开始建立更加复杂的社交关系，探索自我身份，并面临情绪调节的挑战。以下是关于青少年期社交与情绪发展的一些重要方面：

1. 同伴关系和身份认同

在青少年期，同伴关系对青少年的社交与情绪发展起着至关重要的作用。青少年渴望与同伴建立深入的友谊和归属感。他们通过共同兴趣、活动和价值观来建立身份认同，并在同伴群体中寻找支持和认同。

2. 情绪表达与理解

青少年在情绪表达和理解方面经历重要的变化。他们开始更清晰地认识到自己的情绪，能够用言语和行为来表达自己的情感。此外，他们也逐渐学会理解和解读他人的情绪，以及通过非言语和社交信号来感知他人的情感状态。

3. 自我意识与自我调节

青少年期是自我意识的高峰期。青少年开始关注自己的外貌、社会形象和身份认同。他们面临着情绪调节的挑战，需要学会管理和表达复杂的情绪，如焦虑、愤怒和悲伤。这个阶段对情绪调节策略的发展和学习至关重要。

4. 发展性任务与社会互动

青少年期涉及一系列的发展性任务，如独立性的培养、自我探索、职业规划等。这些任务对社交与情绪发展产生影响，青少年需要与他人互动、建立合适的支持网络，并应对来自社会环境的期望和压力。

5. 亲密关系与恋爱

在青少年期后期，青少年开始探索和建立亲密关系。他们开始对恋爱和情感关系产生兴趣，并面临与他人建立亲密关系的挑战。这个阶段，他们需要学习处理情感的复杂性、建立互相支持的关系，并理解与他人的情感互动。

为促进青少年期的社交与情绪发展，以下是一些建议的指导措施：

（1）提供支持和理解：家长和教育者应提供情感支持和理解，尊重青少年的独立性和个体差异。他们需要建立信任关系，为青少年提供情感安全感，以便他们表达自己的情绪和困惑。

（2）促进积极的同伴关系：鼓励青少年参与团队活动、俱乐部或志愿者工作等，以扩展社交圈子和建立积极的同伴关系。同时，提供指导和支持，帮助他们发展健康的友谊和社交技能。

（3）培养情绪调节策略：教导青少年掌握情绪调节的策略，如深呼吸、放松技巧、积极思维和问题解决技能。鼓励他们倾听自己的情感需求，并寻求适当的支持与帮助。

（4）提供社会参与机会：鼓励青少年参与社区服务、义工活动和社会参与项目。这些经历可以增强他们的社会意识、责任感和亲社会行为，同时促进他们与不同年龄和背景的人交流。

（5）引导健康的恋爱关系：为青少年提供关于健康恋爱关系的教育和指导。强调尊重、互惠、沟通和互相支持的重要性，并提供帮助和支持，以处理恋爱关系中的挑战和困惑。

第二章 自我概念训练项目指南

第一节　自我认识训练项目

一、自我意识训练项目设计

1.情绪认知活动

（1）情绪绘画：鼓励儿童用画画的方式表达不同的情绪，他们可以选择颜色、表情和其他图案来表达不同的情绪状态（见图 2-1）。

图 2-1　情绪绘画

（2）情绪表情游戏：康复师展示不同的情绪表情，并鼓励儿童识别和描述这些表情，目的是增加他们对不同情绪的认知（见图 2-2）。

图 2-2　情绪表情游戏

（3）情绪故事时间：选取一本与情绪相关的绘本或故事书，读给儿童听。在阅读过程中，引导儿童识别和描述书中角色的情绪，并鼓励他们思考为什么角色会有这种情绪以及情绪对故事情节的影响（见图 2-3）。

图 2-3　情绪故事

（4）情绪冰山图：给儿童提供一张空白的冰山图，将情绪分为表面情绪和潜藏情绪。让儿童在表面情绪部分绘制常见的情绪表情，并在潜藏情绪部分写下可能导致这些情绪的事件或想法（见图2-4）。

图2-4　情绪冰山图

（5）情绪日志：鼓励儿童每天记录自己的情绪日志。他们可以简单地写下当天的情绪以及引起情绪的原因。这有助于儿童更好地了解自己的情绪模式和触发因素（见图2-5）。

图2-5　情绪日志

（6）情绪角色扮演：设定一些情绪场景，让儿童扮演不同的角色并表达相应的情绪。这可以帮助他们理解不同情绪的表现方式，并学会从不同角度去理解他人的情绪（见图2-6）。

图2-6　情绪角色扮演

（7）情绪对话卡片：准备一组情绪对话卡片，每张卡片上都有一个情绪表情和一个与之相关的情境。儿童可以使用这些卡片进行情绪表达的练习，模拟情境并表达适当的情绪反应（见图2-7）。

图2-7　情绪对话卡片

2. 自我评价活动

（1）夸奖日记：鼓励儿童每天记录下自己做得好的事情，以及感到自豪和满意的事情。这有助于促进儿童发展积极的自我评价和自尊心。

（2）个人特长展示：给儿童提供展示自己特长的机会，如音乐、舞蹈、绘画方面等，并让他们感受到自己在某个领域的独特性和成就感。

（3）同伴互评活动：组织同伴间的互评活动，让儿童互相提供反馈和评价。这种互评可以引导儿童关注到自己积极的特点和表现，帮助儿童认识到自己的优点，并从他人的视角看待自己。

（4）目标设定和评估：鼓励儿童设定个人目标，并定期评估自己的进展。他们可以记录目标的具体步骤和完成情况，并自我评价在实现目标方面所做的努力和进展。

（5）自我表达艺术作品：提供艺术创作的机会，鼓励儿童通过绘画、手工制作或写作来表达自己的感受和想法。让他们描述作品背后的含义，并给予积极的反馈和评价。这样的活动可以培养儿童的创造力和自我表达能力，同时增强他们对作品的自我评价。

（6）自我评价游戏：设计一个游戏，让儿童通过回答问题或完成任务来评估自己的能力和特质。游戏可以涵盖不同领域，如学习、运动、情绪管理等，并引导儿童思考自己的表现和需要改进的方法。

（7）角色扮演：鼓励儿童扮演不同的角色，模拟不同情境下的自我评价。他们可以思考如何在不同角色中发挥自己的优点，并理解不同角色对自己的评价和期望。

3. 身份认同活动

（1）自我介绍活动：组织角色扮演活动，让儿童扮演不同的角色并介绍自己，帮助他们了解自己的身份和特点。

（2）家庭谱系图：帮助儿童绘制自己的家庭谱系图，了解自己在家庭中的地位和关系，并与家人一起分享和讨论。

（3）角色模型分享：邀请来自不同职业、领域的专家或工作人员来分享自己的经历和身份认同。这可以帮助儿童了解身份的多样性，并激发他们对自己未来身份的探索和想象。

（4）自我价值观绘画：鼓励儿童绘制自己的自我价值观画像。他们可以通过图画和文字来表达自己所怀有的品质、信念和目标。这样的绘画活动可以帮助儿童思考和形成自己的核心价值观。

（5）身份图谱：给儿童提供一张空白的身份图谱，让他们填写自己认为重要的身份元素。这可以包括家庭角色、兴趣爱好、学习成绩、友谊关系等。身份图谱可以帮助儿童更清晰地认识自己，以及不同身份元素的重要性。

（6）社区参与项目：鼓励儿童参与社区活动和项目。他们可以选择自己感兴趣的领域，并积极参与其中。通过参与社区活动，儿童可以发现自己在社会中的作用和价值，从而形成更强烈的身份认同感。

（7）情感日记：引导儿童每天记录自己的情感日记。他们可以记录当天的情感体验、自己对不同情感的反应，以及相关的情境和触发因素。这有助于儿童了解自己的情感模式，认识到情感对身份认同的影响。

4. 自我反思活动

（1）日记写作：鼓励儿童每天写日记，记录下他们的想法、感受和经历，培养儿童自我反思和独立思考的能力。

（2）反思绘画：提供一幅画面或图片，让儿童观察并描述其中的细节、情感和意义，帮助他们学会从不同角度思考和理解事物。

（3）行为和后果连结：引导儿童思考自己的行为与相应的后果之间的关系。让他们回顾自己过去的行为，并思考这些行为对他人和自己造成的影响，以及是否有改进的空间。

（4）情绪角色扮演：设定一些情绪场景，让儿童扮演不同的角色并体验相应的情绪。在角色扮演结束后，引导他们对自己的情绪和反应进行反思，以及思考其他可能的情绪表达方式。

（5）品德故事反思：选取一些具有道德教育意义的故事，让儿童阅读或听故事后进行反思。引导他们思考故事中的角色行为和决策，并对自己的价值观和行为进行反思。

（6）朋友互助反思：鼓励儿童在小组或伙伴关系中互相提供反馈和帮助。在合作活动后，他们可以分享自己的观察和反思，讨论合作过程中的困难和成功，以及如何改进合作能力。

（7）目标设定和评估：引导儿童设定个人目标，并定期评估自己的进展。他们可以思考自己在实现目标方面的努力和策略，以及有何成效和改进的空间。

5. 合作互助活动

（1）合作游戏：组织儿童参与合作游戏，鼓励他们互相帮助、合作解决问题，并体验到合作中的自我价值和归属感。

（2）社区服务：参与社区志愿活动，如打扫公园的垃圾、帮助老人等，让儿童体验到通过帮助他人来建立自我身份和关系的重要性。

以上活动旨在提供儿童发展自我意识的机会，并促进他们对自己的感受、需求和身份的认知。康复师要根据儿童的年龄、兴趣和发展水平选择适当的活动，并在活动中给予积极的支持和鼓励，帮助儿童建立积极的自我认知和自我价值观。

二、自主能力

1. 任务分配和时间管理

（1）家务分工：让儿童参与家务活动，如整理房间、洗碗等，根据他们的能力给予适当的任务，并鼓励他们自主安排时间和完成任务。

（2）日程安排：帮助儿童制定个人日程表，包括学习时间、娱乐时间和其他活动，让他们学会自主管理时间和安排优先事项。

（3）制定任务清单：鼓励儿童制定任务清单，将待完成的任务列出来。帮助他们识别优先级和时间要求，并学会将任务分解为更小的子任务。

（4）时间意识游戏：设计一些时间意识游戏，例如记忆挑战、任务竞赛等。这些游戏可以帮助儿童感知时间的流逝，并学会在规定时间内完成任务。

（5）任务分配游戏：组织一些团队任务分配的游戏，让儿童在小组中分配任务并合理安排时间。这可以帮助他们学会协调合作、有效分配资源和管理时间。

（6）时间管理工具：引导儿童使用时间管理工具，如计时器、闹钟、日历等。这些工具可以帮助他们提醒任务的时间限制，并激发自我管理和自律的意识。

（7）任务反馈：在完成任务后，鼓励儿童进行反馈和评估。让他们思考任务的完成情况、遇到的困难以及改进的方法。这有助于儿童提高任务分配和时间管理的能力。

（8）游戏和学习结合：在游戏和学习中融入任务分配和时间管理的要素。例如，组织学习小组游戏，让儿童在规定时间内回答问题或完成任务。这样的活动可以提高儿童的专注力和时间管理能力。

2．决策和问题解决

（1）给予选择权：在日常生活中给予儿童一定的选择权，如选择早餐食物、搭配衣服等，鼓励他们思考和做出决策。

（2）解决问题活动：提供一些问题情境，让儿童自主思考并找到解决问题的方法和策略，鼓励他们寻找多种解决方案并评估其后果。

3．自我管理和责任

（1）学习计划：帮助儿童制订学习计划和目标，让他们自主管理学习时间、复习和完成作业，并鼓励他们对学习成果负责。

（2）财务管理：给予儿童一定的零用钱，并引导他们学习如何理财、计划支出和储蓄，培养自主管理财务的能力。

4．社交互动和沟通

（1）社交决策：在社交互动中，鼓励儿童参与决策和规划，如选择游戏活动、解决冲突等，培养他们合作、协商和妥协的能力。

（2）表达意见：鼓励儿童表达自己的观点、意见和感受，帮助他们学会自信地沟通和与他人合作。

5. 独立探索和创造力

（1）创造性活动：提供各种创造性的活动，如绘画、手工制作、建模等，鼓励儿童自主选择和发挥想象力，培养他们的创造力和独立思考能力。

（2）探索自然：鼓励儿童参与户外活动，探索大自然并观察周围的环境和生物，激发他们的好奇心和探索精神。

以上类型的活动可以帮助儿童逐步发展自主能力，并培养他们的独立思考、决策能力和责任感。康复师要给予儿童适当的支持和引导，在活动中鼓励他们尝试和承担责任，同时提供积极的反馈和鼓励，帮助他们建立自信和自主性。

第二节　自 我 评 价

1. 反思和记录

（1）成就日志：鼓励儿童每天记录下自己的成就，包括学习、运动、艺术等各个方面。帮助他们认识到自己的进步和成就，并从中获得积极的自我评价。

（2）反思绘画：提供一张空白画纸，让儿童用绘画的方式表达自己表现得好的事情。鼓励他们思考并描述自己的优点，并将其反映在绘画中。

2. 积极自我对话

（1）积极宣言：鼓励儿童创作积极的口号或宣言，例如"我是棒棒的！""我能做到！"等。让他们经常念诵和回想这些宣言，加强对自己的正面评价。

（2）积极自我对话：引导儿童进行积极的内心对话，鼓励他们对自己的能力、品质和成就给予肯定和赞赏。帮助他们树立积极的自我形象和态度。

3. 肯定个人特长

（1）展示特长：给儿童提供展示自己特长或兴趣的机会，如音乐、舞蹈、绘画等。让他们感受到自己在某个领域的独特性和成就感，并鼓励他们用积极的语言评价自己的表现。

（2）自我评价表演：让儿童扮演角色或进行表演，让他们自己评价自己的表现。鼓励他们使用积极的词汇和描述来表达自己的优点和成就。

4.肯定个人努力

（1）目标达成奖励：设定小目标或任务，当儿童完成目标时，给予适当的奖励和赞赏。帮助他们认识到自己的努力和坚持是取得成功的重要因素。

（2）成功分享：设立时间让儿童分享自己最近的成功和成就，并给予他们正面评价和鼓励，让他们体验到自我肯定的力量和影响。

5.培养积极思维

（1）积极思维训练：进行一些积极思维的练习，如让儿童列举自己的优点和感恩的事情，帮助他们培养积极的思考习惯。

（2）多元化成功标准：引导儿童认识到成功的标准是多样化的，每个人都有自己的优点和天赋。帮助他们理解自己的独特性，并将其视为积极的自我评价依据。

以上自我评价训练活动可以帮助儿童培养自我正面评价的习惯和能力，建立积极的自我形象和自尊心。重要的是给予儿童充分的支持和鼓励，在活动中强调他们的优点和成就，并帮助他们发现自己的价值和潜力。

第三章 社交沟通

第一节　与人交往的动机

一、有兴趣与照顾者进行情感互动

1. 情感表达游戏

（1）表情卡片：使用不同的表情卡片，让儿童选择并描述与卡片上表情相关的情感。照顾者需要倾听和理解儿童的描述，并给予积极的回应和反馈。

（2）角色扮演：在角色扮演游戏中，照顾者和儿童可以扮演不同的角色，模拟情感交流的情境，例如表达喜悦、担忧、悲伤等。通过角色扮演，儿童可以学会表达自己的情感，并体验到照顾者的关注和回应（见图3-1）。

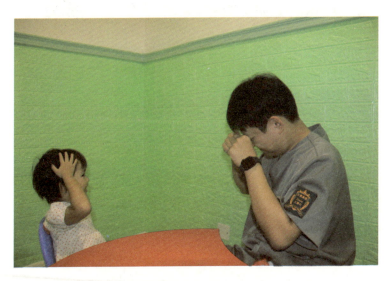

图3-1　情绪表达游戏之角色扮演

2. 情感分享活动

（1）情感日记：鼓励儿童和照顾者每天记录下自己的情感和体验，然后共享日记内容。通过分享情感，可以增进彼此的理解和共鸣，并给予彼此支持和关怀。

（2）绘画分享：让儿童用绘画的方式表达自己的情感，然后与照顾者分享画作。在分享过程中，照顾者可以提问和倾听，以便更好地理解儿童的情感，并回应他们的需求。

3. 情感交流游戏

（1）感受问候：在每天见面时，照顾者可以询问儿童今天的感受和情绪，并给予积极的回应和反馈。这种问候可以帮助儿童学会表达自己的情感，并建立与照顾者的亲密联系（见图3-2）。

图 3-2　感受问候

（2）情感识别：使用图片、卡片或故事情节，让儿童识别不同的情感，并描述与之相关的经历或体验。照顾者可以与儿童一起探讨这些情感，帮助他们更好地理解和表达自己的情感。

4. 情感回应训练

（1）面部表情模仿：照顾者可以模仿不同的面部表情，鼓励儿童观察

40

并模仿照顾者的表情。这有助于培养儿童对情感表达的敏感度，并学会与他人的情感交流和回应（见图3-3）。

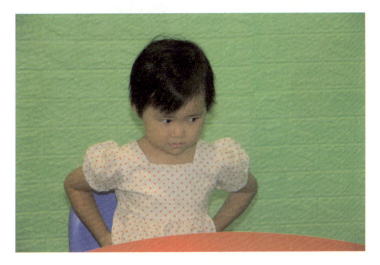

图 3-3　面部表情模仿

（2）情感故事分享：照顾者和儿童可以轮流分享与某个情感相关的故事，让对方了解自己的情感体验。在分享过程中，照顾者需要给予儿童积极的回应和理解。

通过这些活动，儿童可以学会表达和理解情感，并培养与照顾者之间情感交流和回应的技巧。重要的是，照顾者需要给予儿童充分的关注和支持，在情感交流中倾听、理解和回应儿童的需求，从而建立起安全、亲密的关系。

二、有兴趣与熟悉的人接触

1. 共同参与活动

（1）共同游戏：与儿童一起参与他们感兴趣的游戏或活动，例如拼图等玩具、户外运动等。通过与儿童共同参与活动，可以增进彼此的互动和交流，培养他们对熟悉人的兴趣和亲近感（见图3-4）。

（2）共同探索：与儿童一起探索新的环境或事物，例如参观博物馆、动物园、公园等。在探索过程中，与儿童进行对话、分享观察和体验，增强彼此之间的互动和联系。

图 3-4　共同游戏

2. 感情交流活动

（1）故事分享：需要康复训练的发育障碍等孤独症儿童对人缺乏兴趣，与人缺乏情感交流和联系，需要进行引导和训练。与儿童分享有趣的故事、经历或生活中的趣事，鼓励他们分享自己的故事。通过共享故事，可以建立起情感共鸣和亲密关系，激发儿童对熟人的兴趣。

（2）照片回顾：与儿童一起回顾照片相册，讲述其中的故事和回忆。这可以帮助儿童更好地了解自己的家庭和亲人，并加深与熟人的情感联系。

3. 亲密互动活动

（1）亲密拥抱：给予儿童温暖的拥抱和亲吻，传递出关爱和安全感。这种亲密的身体接触可以增进儿童与熟人之间的情感连接和信任。

（2）亲密对话：与儿童进行亲密的对话，关注他们的话题和兴趣。倾听并积极回应他们的问题、想法和感受，表达对他们的关心和理解。

4. 共同创造活动

（1）手工艺制作：与儿童一起进行手工艺制作，例如折纸、剪纸、绘画等。在共同创造的过程中，与儿童互动、交流，并共同享受成果的喜悦和满足感。

（2）烹饪合作：与儿童一起参与简单的烹饪活动，例如制作小点心、饼干等。在合作的过程中，与儿童分享任务、分工，并共同享受完成的美食。

这些活动可以帮助儿童建立对熟人的兴趣、信任和亲近感，促进与他们之间的情感互动和联系。重要的是，熟人需要给予儿童充分的关注、支持和鼓励，在活动中展示出真诚的关心和理解，从而建立起稳固的关系基础。

三、与伙伴发展互动关系

1. 合作游戏

（1）团队拼图：将儿童分成小组，让他们合作完成一幅拼图。这鼓励他们互相合作、沟通和协调动作，培养团队合作的意识。

（2）建造城堡：提供积木或建筑材料，鼓励儿童一起建造城堡或其他结构。这需要他们共同讨论和规划，学会在团队中分工合作。

2. 角色扮演

（1）模拟情境：创建不同的角色扮演情境，例如医生和患者、老师和学生等。通过扮演不同的角色，儿童可以学习倾听、表达和共享角色体验，培养彼此之间的合作和理解（见图3-5）。

图 3-5　模拟情境

（2）故事创作：与伙伴一起创作故事，每个人轮流添加自己的想法和情节。这促进了儿童之间的合作、想象力和故事讲述能力（见图3-6）。

图3-6 故事创作

3.团体运动

（1）小组运动：进行小组活动，例如足球、篮球、接力赛等。这鼓励儿童互相协作、支持和合作，学习团队合作和互动的重要性。

（2）合唱团或舞蹈表演：组织儿童参加合唱团或舞蹈表演，让他们协调动作、合唱和舞蹈。这培养他们在团队中互相依赖和互相帮助的能力。

4.创造共享活动

（1）制作艺术作品：组织艺术创作活动，让儿童一起绘画、手工制作或进行其他创意艺术活动。鼓励他们分享自己的作品，并欣赏彼此的创造。

（2）读书分享会：选取有趣的故事书籍，让儿童一起阅读并分享自己的观点和理解。这激发了他们的思维和交流能力，同时促进了彼此之间的友谊。

这些活动可以帮助儿童与伙伴发展互动关系，学会与他人合作、沟通和分享。重要的是，照顾者或教育者需要给予儿童积极的指导和支持，在活动中促进积极的互动和友好的交往氛围，鼓励儿童建立健康的人际关系。

第二节　沟通技巧

一、非语言的沟通

1. 身体表达

（1）静态表情：通过面部表情和身体姿势，模仿不同的情绪和表达方式，让儿童猜测和理解对方的情感。

（2）动态表演：引导儿童通过姿势和动作表达自己的情感或场景，让他们尝试用肢体语言来传达信息。

（3）视觉辅助：是利用视觉元素来辅助进行信息理解、沟通交流和日常活动的一种工具或方法。

（4）图像卡片：使用图片或图像卡片展示不同的情境、行为或情感，让儿童根据图片进行表达、描述或解释。

（5）视频观察：观看带有明显情绪或非语言信号的视频片段，引导儿童观察和解读人们的身体语言和情感表达（见图3-7）。

图 3-7　视频观察

2．身体感知

（1）身体动作：引导儿童注意和控制自己的身体动作，如姿势、手势和身体接触，以传达意图和理解他人的动作信号。

（2）身体反馈：通过身体感觉活动，如按摩、身体平衡练习或触觉游戏，增强儿童对自身身体信号的认知，提高身体语言的敏感性。

3．触觉交流

（1）感触体验：鼓励儿童通过触摸、抚摸或握手等方式与他人进行情感交流，增进彼此之间的亲近感和信任（见图 3-8）。

图 3-8　感触体验

（2）亲子互动：鼓励儿童与照顾者进行亲密的身体接触，如拥抱、依偎或其他肢体接触，以促进情感联结和非语言交流。

4．艺术创作

（1）绘画表达：鼓励儿童通过绘画、绘图或涂鸦等形式表达自己的情感和想法，通过艺术作品进行非语言沟通。

（2）音乐活动：通过音乐和节奏的表达，让儿童体验和表达情感，并与他人共享音乐的情感表达。

这些活动可以帮助儿童发展非语言沟通的能力，提高对他人的观察力和敏感度，以及表达自己的情感和需求。重要的是，在活动中给予儿童积极的反馈和鼓励，建立安全、支持和包容的环境，以促进他们的非语言交流技巧的发展。

二、语言沟通

1. 语言游戏

（1）成语接龙：让儿童以轮流接龙的方式说出成语，鼓励他们使用恰当的词语和语法结构。

（2）字母或单词拼写比赛：通过拼写游戏来帮助儿童学习字母、单词和拼写规则，并增强他们的语言记忆能力。

2. 讲故事和角色扮演

（1）讲故事：鼓励儿童讲述自己的经历、想象故事或重新编排已知故事。这有助于他们发展逻辑思维、词汇和叙事能力。

（2）角色扮演：创建角色扮演情境，让儿童扮演不同的角色并进行对话。这培养了他们的口头表达能力、角色理解和情境语境的运用。

3. 阅读和讨论

（1）绘本阅读：与儿童一起阅读绘本，并提出问题、引导他们描述绘本中的情节、角色和情感。这促进了他们的理解能力、词汇积累和思维发展。

（2）读后讨论：在阅读后与儿童进行讨论，鼓励他们分享自己的观点、提出问题和表达感受。这培养他们的批判性思维、交流技巧和合作能力。

4. 语言艺术活动

（1）诗歌创作：鼓励儿童创作自己的诗歌或歌曲歌词，帮助他们表达情感、培养语言的韵律感和创造力。

（2）戏剧表演：让儿童参与戏剧表演，通过角色对话和表演来提高他们的语言表达能力和情感表达能力。

5. 日常交流和讨论

（1）家庭对话：鼓励儿童参与家庭对话和讨论，分享自己的想法、意见和观点。这培养了他们的表达能力、倾听技巧和社交交流技巧。

（2）小组讨论：组织小组讨论活动，让儿童在小组中交流和讨论特定主题，培养他们的合作能力、逻辑思维和辩论技巧。

这些活动可以帮助儿童发展语言沟通的能力，提高词汇量、语法运用和表达能力。重要的是，为儿童提供积极的反馈和鼓励，并创造支持和包容的语言环境，让他们感到自信和愿意参与语言交流。

三、社交沟通阶段性训练

1. 初级社交沟通

（1）第一阶段——问候。

儿童对他人的打招呼作出回应。

（2）第二阶段——命令。

向他人提出要求，或指挥别人的行动。短期目标可包括以下内容：

①在需要他人帮助时，说出对方的名字。

②遇到他人阻挡自己的路时，会说"请让一下"。

③有需要时，主动表达"把（××）给我"。

④当有人抓着自己或抢夺自己的物品时，会说"放手"。

⑤在玩追逐游戏时，会说"来追我"。

⑥当别人打扰自己从事一项活动时，会说"走开"。

⑦如果有人吵闹，会说"请安静"。

⑧从事一件活动有困难时，主动说"请帮一下我"或"帮我拿过来"。

（3）第三阶段——句子主干。

①主动表达需求，会说"我要"。

②用"这是"回答他人的问题。

③用"那是"回答他人的问题。

④用"我看见"回答提问。

⑤用"我有"回答提问。

（4）第四阶段——主动提出疑问。

①把物品递给别人时，会说"（名字）给"。

②会说"看那个"并指着有趣的事物。

③会说"（名字）看"或"看我在做什么"。

④在玩具开始移动时，会说"它要往哪开"。

⑤做一件事完成后很有成就的说"我成功了"。

⑥当别人受伤时，主动说"你没事吧"。

⑦我／我们／正在做某事，我们正在安装小汽车。

（5）第五阶段——回应。

①当有人问东西在哪里时，会用手指着说"在那儿"。

②听到别人喊自己的名字时能答应或主动提问："你叫我干什么?""有什么事?"

③当有人要求他做事情时说"行""好的"。

④当有人告诉（分享）他一些事情时，会说"哇塞""噢""真的吗"。

⑤有人问他是否准备好了，会说"我准备好了"。

⑥当有人问你在哪里时，会说"我在这"。

⑦当有人问你要哪一个时，会说"我要这个"。

⑧在迎接来人时，会说"请进"。

⑨当自己从事一个活动，有人表示需要帮忙，主动说"等一会，马上过去"。

2. 中级社交沟通

（1）第一阶段——回答不提供选项的问题。

①你叫什么名字？

②你几岁了？

③你在哪里上学？

④你的班里有哪些小朋友？

⑤你家住在哪里？

⑥你的衣服是什么颜色？

⑦爷爷 / 奶奶家住在哪里？

（2）第二阶段——回答主观问题。

①你喜欢什么？

②你喜欢喝什么？

③你喜欢什么颜色？

④你喜欢什么动画片？

⑤你在学校喜欢做什么？

⑥你放学后回家干什么？

（3）第三阶段——回答"是"与"否"的问题。

①你有兄弟姐妹吗？

②你有宠物吗？

③你喜欢踢足球吗？

④你是男孩吗？爸爸是女孩吗？

⑤你有自行车吗？

⑥妈妈的汽车是白色吗？

⑦你喜欢吃蛋糕吗？

⑧你戴眼镜吗？

（4）第四阶段——回答无固定答案的问题。

①（人名）在哪里？

②天气怎么样？

③早饭吃的什么？

④你 / 她 / 他在做什么？

⑤他今天穿的什么款式的衣服？

⑥今天 / 昨天去超市买了什么水果？

（5）第五阶段——回答多项选择题。

①你要苹果还是橘子？

②你喜欢吃水果还是零食？

③那是一只猫还是狗？

④飞机会飞还是不会飞？

⑤你喜欢穿黑色的衣服还是白色的衣服？

（6）第六阶段——回答完别人的问题后问对方相应的问题。

①你好吗？（很好！你呢？）

②你叫什么名字？（我叫……你叫什么名字？）

③你几岁啦？（五岁，你呢？）

④昨天你晚饭吃了什么？（米饭、青椒炒肉，你吃了什么？）

⑤暑假去旅游了吗？（去了，你去旅游了吗？）

⑥晚上看动画片了吗？（看了，你看动画片了吗？）

（7）第七阶段——在别人陈述后也进行相应陈述。

①我穿红色的衣服。（我穿黄色的衣服。）

②我有一支剪刀。（我有一块橡皮。）

③我叫超超。（我叫可可。）

④我会跳绳。（我会玩滑板车。）

⑤我会背唐诗。（我会唱歌。）

（8）第八阶段——在别人陈述后进行提问。

①我去看电影了。（你看的是什么电影？）

②我去超市了。（你去超市买了什么？）

③我去逛街了。（你去哪里逛街了？）

④我去医院了。（你怎么了？为什么要去医院？）

⑤我养了一只宠物。（是什么宠物？它叫什么名字？）

⑥我周末玩得很开心。（你玩了什么？）

（9）第九阶段——在别人陈述后有相应的否定。

①我喜欢吃水果。（我不喜欢吃水果，我喜欢吃肉。）

②我喜欢游泳。（我不喜欢游泳，我喜欢踢足球。）

③周末我要去公园玩。（我不去公园玩，我要去看电影。）

（10）第十阶段——在别人陈述后有相应的陈述并提问。

①我喜欢吃巧克力。（我喜欢吃蛋糕，你喜欢吗？）

②我不喜欢去超市。（我不喜欢去公园，你呢？）

③我喜欢看动画片《小猪佩奇》。（我不喜欢看《小猪佩奇》，我喜欢《海绵宝宝》，你看过吗？）

④我要去游乐场了。（我也要去游乐场，你去哪个游乐场？）

⑤就熟悉的故事、电影等提问："你喜欢……部分吗？"

3. 高级社交沟通

（1）叙述事件经过。

（2）针对事物进行自由发问。

（3）回忆做过的事情或说过的话。

（4）两人互动沟通，围绕一定的话题进行讨论。

（5）三人沟通，轮流提问或者围绕话题展开讨论。

（6）三人轮流话题问话，针对一件或多件事物提出不同的问题，不重复。

（7）区分过去式和未过去式。能区分发生和未发生的事，能用"准备"一词进行询问，能区分"的""了"等词汇的准确运用。

第四章 游戏技巧训练项目指南

第一节　基础游戏技巧训练项目

1. 与成人进行互相交往式游戏

（1）冰球传递：这个游戏需要提前准备一副塑料冰球。成人和儿童分别组成两个小组，并站在一定距离内。游戏开始时，一名成人将冰球传递给一名儿童，然后这名儿童再传递给另一名成人。成人和儿童轮流传递冰球，直到完成一轮。这个游戏鼓励团队合作。

（2）故事拼图：准备一些拼图，每个拼图都描绘了一个故事情节的一部分。成人和儿童合作，将拼图完成，逐步构建完整的故事。通过这个游戏，儿童可以锻炼解决问题的能力，同时与成人进行创造性的合作。

（3）隐蔽游戏：这个游戏可以加强儿童的观察能力和合作能力。成人和儿童一起玩这个游戏，其中一个人会藏起来，而其他人则尝试找到他。藏起来的人可以偶尔发出声音来给其他人一些提示。这个游戏可以促进团队合作和培养沟通技巧（见图4-1）。

图4-1　给儿童蒙上眼睛听摇铃寻找治疗师

（4）问题时间：这个游戏可以促进对话和思考。成人和儿童轮流提出问题，其他人则尝试回答。问题可以是关于兴趣爱好、梦想、喜欢的事物等。通过这个游戏，孩子可以提高表达自己想法的能力，同时也能更好地了解成人的观点。

（5）角色扮演：成人和儿童可以一起扮演不同的角色，如医生和患者、老师和学生、超级英雄和坏蛋等创造出各种情境。通过角色扮演，儿童可以提高沟通和表达能力，同时也能培养创造力和合作能力。

2. 进行独行式的游戏

（1）探索迷宫：设计一个迷宫，儿童可以独自探索。迷宫可以是纸上的迷宫，也可以是室内或室外的布置。鼓励儿童根据指引或找到正确的路径。这个游戏可以培养儿童的空间认知能力和解决问题能力。

（2）宝藏狩猎：隐藏一些小礼物或标记物品在指定区域内，然后给儿童提供一张地图或一些线索来寻找宝藏。儿童可以根据地图或线索独自寻找宝藏。这个游戏可以锻炼儿童的观察力、方向感和解决问题能力。

（3）DIY 手工制作：为儿童提供一些材料和工具，鼓励他们独自设计和制作手工作品。康复师可以提供一些简单的指导或示例，但让儿童自由发挥。这个游戏可以培养儿童的想象力、创造力和解决问题能力。

（4）自然观察：鼓励儿童在户外或室内的自然环境中进行观察和探索。他们可以观察植物、昆虫、鸟类等，或者收集一些有趣的自然物品。这个游戏可以培养儿童的观察力和对自然的兴趣。

（5）科学实验：为儿童提供一些简单的科学实验，并让他们独自尝试。例如，制作一个简单的火箭、设计一些水的实验如探索物体的浮力等。这个游戏可以培养儿童的实验精神、科学思维和解决问题的能力。

3. 进行假想游戏

（1）角色扮演剧场：选择一个主题，如动物园、太空探险、海底世界等，为儿童提供一些相关的服装和道具。鼓励他们扮演不同的角色，并进行即兴表演。这个游戏可以激发儿童的创造力、表达能力和团队合作。

（2）店铺游戏：设置一个小型的商店或市场，为儿童提供一些货物和货币。鼓励他们扮演店主、顾客或售货员的角色，进行买卖和交流。这个游戏可以培养儿童的计算能力、沟通技巧和社交技巧。

（3）魔法王国：创建一个魔法王国的故事情景，儿童可以扮演各种角色，如魔法师、公主、勇士等。鼓励他们想象并讲述关于王国的故事，同时通过角色扮演来演绎故事情节。这个游戏可以培养儿童的想象力、创造力和叙事能力。

（4）医生游戏：设置一个小型的医疗中心，儿童可以扮演医生、护士或患者的角色。为他们提供一些医疗器具和道具，让他们进行角色扮演来模拟医疗过程。这个游戏可以培养儿童的同理心、沟通能力和解决问题能力（见图 4-2 与图 4-3）。

图 4-2　儿童扮演医生听诊

图 4-3　儿童扮演医生量体温

（5）幻想世界冒险：设计一个幻想世界的故事情节，儿童可以扮演冒险家、魔法使者或英雄的角色。鼓励他们使用想象力和创造力，通过冒险故事解决问题并推动情节发展。这个游戏可以激发儿童的想象力、创造力和解决问题的能力。

第二节　参与社交游戏训练项目

1. 与友伴进行游戏

（1）团队合作游戏：组织一些团队合作游戏，例如绳子拉力赛、接力赛、搭桥比赛等。这些游戏可以促进儿童与友伴之间的合作和沟通，培养团队合作的意识。

（2）合作拼图：准备一些拼图或拼图游戏，让儿童与友伴一起合作完成。鼓励他们共同讨论和解决拼图中的问题，培养合作的能力。

（3）角色扮演：选择一个故事情节或场景，让儿童与友伴扮演不同的角色，并进行角色扮演游戏。鼓励他们相互配合、协调行动，完成任务或解决问题。

（4）合作创作：为儿童和友伴提供一些手工材料，鼓励他们一起进行创作。例如，共同绘画一幅画，合作制作手工作品，或者编写一个合作故事等。这个活动可以培养他们的团队合作和创造力。

（5）团队迷宫挑战：设计一个迷宫挑战，要求儿童与友伴一起找到正确的出口。他们需要合作、沟通和协调行动，才能成功通过迷宫。这个游戏可以培养团队合作、问题解决和空间认知的能力。

2. 遵守游戏规则

（1）游戏规则讨论：在开始游戏之前，与儿童一起讨论游戏规则的重要性和意义。解释规则如何确保游戏的公平性和秩序，并让儿童明白规则对于游戏体验的重要性。

（2）游戏规则演示：在开始游戏之前，进行游戏规则的演示。示范正确的操作和行为，同时解释游戏规则和目标。这样可以帮助儿童更好地理解和记住规则，并且了解如何正确执行。

（3）规则监督者：在游戏进行过程中，指定一个规则监督者（可以是成人或轮流担任的儿童），负责确保游戏规则的执行。监督者可以提醒参与者遵守规则，处理违规行为，并解决可能出现的争议。

（4）奖励与鼓励：设立一套奖励和鼓励机制，以激励儿童遵守游戏规则。例如，给予表扬、小奖品或特殊待遇，以奖励那些遵守规则并展现良好行为的儿童。这样可以帮助他们形成遵守规则的习惯。

（5）规则讨论和反思：在游戏结束后，与儿童一起进行规则讨论和反思。让儿童分享他们遵守规则的体验和感受，讨论规则对游戏的重要性。同时，也给予他们机会提出改进游戏规则的建议。

通过这些活动，儿童可以理解游戏规则的重要性，并逐渐培养遵守规则的自律性和公平意识。同时，这也提供了一个学习合作和解决冲突的机会。此外，成人的示范和引导在培养儿童遵守规则方面也起着重要作用。

第五章 社会适应

第一节　认识个人及熟悉的人的角色

一、称呼家庭以内熟悉的人

（1）角色扮演游戏：设计一个角色扮演的游戏，让儿童扮演不同的家庭成员角色，如父母、祖父母、兄弟姐妹等。鼓励他们使用适当的称呼和礼貌语言与其他角色进行互动。

（2）家庭成员介绍：组织一个活动，让儿童向其他家庭成员介绍自己以及其他家庭成员。他们可以使用适当的称呼，如"爸爸""妈妈""爷爷""奶奶"等。

（3）角色卡片匹配：准备一些卡片，上面有不同的家庭成员的称呼和照片。让儿童根据卡片上的称呼找到对应的家庭成员照片。这个活动可以帮助他们学习和巩固正确的称呼。

（4）家庭成员问答游戏：设计一个问答游戏，提出与家庭成员相关的问题。儿童需要回答问题，并使用适当的称呼来指代家庭成员。

（5）家庭成员感谢信：鼓励儿童写一封感谢信给家庭中的某个成员，表达儿童对该成员的感激之情，并使用适当的称呼。

这些活动强调使用正确的称呼的重要性，康复师应该给予儿童正确的示范和指导。通过这些活动，儿童可以培养尊重他人、学会适当称呼的习惯，同时加强与家庭成员之间的联系和互动。

二、适当回应有关个人的问题

（1）问题与回应游戏：设计一个问题与回应的游戏，为儿童提供一些有关个人的问题，并让他们练习做出适当的回应。鼓励他们思考如何回答问题，保护自己的隐私，并给予他们正确的示范和反馈。

（2）辨别个人问题：为儿童提供一些问题卡片，分别为合适和不合适的问题。让他们辨别哪些问题是可以回答的，哪些问题是需要保护个人隐私的。这个活动可以培养儿童对于个人信息保护的意识。

（3）角色扮演：设计一些情景，让儿童进行角色扮演，并模拟有关个人的问题。指导他们如何适当地回应这些问题，学会拒绝回答过于私人的问题。

（4）情感教育：进行一些关于隐私和个人边界的情感教育活动，帮助儿童了解个人隐私的重要性，并鼓励他们尊重他人的隐私。

（5）实际案例讨论：为儿童提供一些实际案例，讨论其中涉及个人问题的情况。引导儿童分析案例，讨论是否适当回答问题，以及可能的后果和解决方案。

这些活动强调个人隐私和尊重他人隐私的重要性，并指导儿童如何适当地回应有关个人的问题。鼓励儿童保护自己的隐私，并帮助儿童建立辨别合适和不合适问题的能力。同时，也要倾听儿童的担忧和困惑，并提供适当的指导和支持。

三、适当回应有关家庭的问题

（1）家庭画像：鼓励儿童绘制自己的家庭画像，包括家庭成员和他们之间的关系。然后引导儿童分享他们的画像，并提醒他们保护家庭的隐私。

（2）家庭规则讨论：组织一个家庭规则讨论活动，让儿童和家庭成员一起制订一份家庭规则，其中包括不透露家庭隐私的规则。让儿童明白保护家庭隐私的重要性，并承诺遵守这些规则。

（3）家庭价值观分享：鼓励儿童与家庭成员分享他们家庭的价值观和重要的家庭活动。帮助儿童理解家庭是一个特殊的领域，需要尊重和保护家庭的独特性。

（4）故事角色扮演：设计一个角色扮演的活动，让儿童扮演一个角色，该角色是与家庭有关的问题。鼓励儿童思考如何适当地回应这些问题，并保护家庭的隐私。

（5）家庭项目展示：鼓励儿童与家庭成员一起参与一个家庭项目，如家谱树制作、家庭影集或家庭纪念品收集。在展示这些项目时，引导儿童分享他们愿意分享的信息，并保护家庭的隐私。

通过这些活动，儿童可以认识到保护家庭隐私的重要性，并培养儿童尊重家庭隐私的意识。同时，也要鼓励儿童与家庭成员建立信任和沟通，让儿童了解他们可以与家人分享他们感到舒服和安全的信息。

第二节　认识个人责任

一、完成个人责任

（1）责任表：设计一个责任表，列出儿童在家庭和学校中需要承担的责任，例如整理房间、完成作业、遵守规则等。每完成一个责任，儿童可以在责任表上打钩或贴上标签，以记录他们的进度。

（2）日常任务承担：让儿童承担一些日常任务，例如摆放餐桌、整理书包等。这些任务可以让儿童明白自己在家庭中的角色和责任，并鼓励儿童主动完成这些任务。

（3）项目合作：组织一些小型项目，例如家庭园艺、义务活动或社区清洁活动。让儿童与其他家庭成员或同龄人合作，共同完成任务，并讨论每个人在项目中的个人责任。

（4）自我评估：鼓励儿童定期进行自我评估，思考自己在完成个人责任方面的表现。他们可以记录自己的优点和需要改进的方面，并设定具体的目标来增加自己的责任感。

（5）角色扮演：设计一些情景，让儿童进行角色扮演，并面对各种需要做决定的场景。通过扮演不同的角色，他们可以理解自己在不同情境下应该承担的责任，并学习做出负责任的选择。

这些活动可以帮助儿童认识到个人责任的重要性，并培养他们自我管理和自律的能力。更重要的是给予儿童适当的支持和鼓励，以帮助他们建立自信和坚持完成自己的责任。

二、自我保护

（1）角色扮演：设计一些情景，让儿童进行角色扮演，可以在情境中加入一些让儿童面对各种潜在的危险情况。鼓励儿童思考和表演如何逃脱、求助或拒绝陌生人的接触等自我保护的行为。

（2）情景演练：模拟一些现实生活中可能发生的危险情况，如火灾、地震、走散等。指导儿童学习如何应对这些情况，并教授儿童适当的自我保护技巧，如寻求安全出口、正确呼救等。

（3）安全规则游戏：创建一个安全规则游戏，列出各种场景和行为，让儿童判断它们是安全的还是危险的。通过这个游戏，帮助儿童理解自我保护的原则和重要性。

（4）讨论个人边界：与儿童讨论什么是个人边界和私密性，并鼓励他们设定和保护自己的个人边界。让他们明白说"不"是可以的，并尊重其他人的个人边界。

（5）信任和沟通：培养儿童与信任的成年人建立良好沟通的能力，鼓励儿童与家长、老师或其他值得信任的人分享自己的感受和遇到的问题。帮助儿童意识到寻求帮助和分享困难的重要性。

这些活动可以帮助儿童了解自我保护的重要性，并培养他们辨别危险和采取适当措施的能力。

三、在有需要时懂得寻求适当的协助

（1）情景讨论：设计一些情景，让儿童思考并讨论在特定情况下应该如何求助和寻求协助。例如，当他们在公共场所迷路时、遇到紧急情况或遇到困难时应该如何寻求帮助。

（2）角色扮演：组织角色扮演活动，让儿童扮演遇到问题或困难的角色，并演练如何寻求适当的协助。他们可以扮演寻求帮助的人，同时也可以扮演提供帮助的人，以促进对于寻求帮助的理解和技巧。

（3）协助图表：设计一个协助图表，列出儿童常遇到的问题和相应的求助途径，如找父母、找老师、拨打紧急电话等。鼓励儿童将这个图表放在易于寻找的地方，以便在需要时能够快速查找。

（4）鼓励提问：鼓励儿童提问并表达自己的困惑或需要帮助的情况。给予他们一个安全的环境，让他们知道提问是正常的，并且有人愿意帮助他们解决问题。

（5）分享经验：让儿童分享自己曾经寻求帮助的经验，以及成功解决问题的方法。这可以促进他们之间的交流和学习，同时也鼓励他们在需要时主动寻求适当的协助。

这些活动可以帮助儿童学会在有需要时寻求适当的协助，并培养他们解决问题和自我管理的能力。

第三节　遵从环境规范

一、依循固定的生活程序

（1）制订日常计划：与儿童一起制订每天的日常计划，包括起床时间、吃饭时间、学习时间、娱乐时间、睡觉时间等。使用图表或日历形式可视化展示计划，让儿童参与其中并了解每个活动的顺序和时长。

（2）时间管理游戏：设计一个时间管理游戏，让儿童通过完成各项任务来管理自己的时间。游戏可以包括简单的活动，例如整理房间、完成作业、洗漱等，并要求他们按时完成任务，并控制好每个任务所需的时间。

（3）角色扮演：进行一场日常生活的角色扮演活动，让儿童扮演自己在不同时间段的角色，如早晨起床、吃早餐、上学、放学回家等。通过这种方式，他们可以体验到生活中不同时间段的活动顺序和流程，并理解每个活动的重要性。

（4）时间标记活动：使用计时器或闹钟设定一些特定的时间标记，如每隔 30 分钟提醒儿童休息一段时间或每天在特定时间进行固定的活动。这样可以帮助他们养成遵循固定时间表的习惯。

（5）定期回顾：定期与儿童一起回顾他们的生活程序，让他们评估自己的时间管理和执行计划的能力。鼓励他们识别存在的问题，并一起制定改进计划。

这些活动可以帮助儿童逐渐养成遵循固定生活程序的习惯，培养他们的自我管理和时间意识。

二、遵从社区活动规则

（1）规则游戏：设计一个社区活动规则的游戏，让儿童参与其中。游戏可以模拟各种社区活动场景，要求儿童根据规则行动，例如遵守交通规则、正确分类垃圾、保持公共场所的整洁等。通过游戏的方式，让儿童学习和理解规则的重要性（见图5-1）。

图 5-1　教儿童看红绿灯过马路

（2）规则讨论小组：组织一个小组讨论活动，让儿童讨论社区活动规则的意义和目的。鼓励他们提出问题、分享自己的观点，并找出如何遵守规则的有效方式。通过这样的讨论，帮助他们深入理解规则并树立遵守规则的意识。

（3）规则执行角色扮演：设计一些社区活动的角色扮演情景，让儿童扮演参与者、工作人员或监督者的角色。通过角色扮演，让他们亲身体验规则的执行和遵守，并理解不同角色在社区活动中的责任和义务。

（4）社区活动参与：鼓励儿童积极参与社区活动，如义工活动、社区清洁日等。这样的参与可以让他们亲身体验社区活动的规则和要求，并感受到自己的责任和作用。

（5）规则奖励系统：建立一个规则奖励系统，鼓励儿童遵守社区活动的规则。设定一些小奖励，如表扬、徽章或特殊待遇，作为他们遵守规则的激励和认可。

这些活动可以帮助儿童理解和遵守社区活动的规则，培养他们的责任感和团队合作能力。

三、培养公德心

（1）角色扮演游戏：设计一些社交场景的角色扮演游戏，让儿童扮演不同的角色，如家庭成员、朋友、店主等。通过角色扮演，让他们模拟真实生活中的社交互动，学习如何与他人相处、尊重他人的空间和权益。

（2）社会规范练习：选择一些社会规范，如排队、分享、讲礼貌等，通过练习和模仿的方式，让儿童学习并理解这些规范的重要性。可以使用图片、绘本或社交故事来帮助他们理解规范的含义和适用场景（见图5-2）。

图5-2　在麦当劳排队买甜筒

（3）社区参观活动：组织儿童参观社区公共设施，如图书馆、消防站、动物园等。在参观过程中，引导他们注意并学习社区规范，如保持安静、尊重展品、保护环境等。同时，讨论他们在这些场所中的行为应该如何符合规范（见图5-3）。

图5-3　在图书角安静阅读

（4）社区服务项目：鼓励儿童参与社区服务项目，如义工活动、环境保护活动等。通过实际参与社区服务，让他们亲身体验到对他人和社区的帮助，培养他们的公德心和责任感。

（5）情景演练：创建一些情景，让儿童在其中参与具体的公德心挑战，如帮助别人拾起掉落的物品、让座给需要的人等。通过模拟情景，让他们思考和实践如何适当地回应和帮助他人，培养他们的公德心和同理心。

四、遵守学校常规及指令

（1）游戏化规则学习：设计一些游戏化的活动，帮助儿童学习和理解学校的规则和指令。可以制作一个规则宝藏地图，让儿童根据地图上的提示找到不同的规则，或者进行小组游戏，模拟学校常见的情境并要求儿童根据规则行动。通过游戏的方式，让儿童在轻松有趣的环境中学会遵守学校的规则。

（2）规则绘本阅读：选择一些与学校规则相关的绘本，读给儿童听或让他们自己阅读。在阅读过程中，引导他们讨论书中的规则，并与他们分享遵守规则的重要性。通过绘本的故事和角色，帮助儿童理解规则的目的和意义。

（3）规则执行训练：通过角色扮演或情景模拟，让儿童实践遵守学校规则的行为。设计一些具体的情境，如上课时安静、按时提交作业、遵守课间休息时间等，让儿童在模拟环境中实际练习遵守规则，并提供反馈和指导（见图5-4）。

图 5-4　儿童遵守在课堂上要端坐的规则

（4）规则奖励系统：建立一个规则奖励系统，设定一些小奖励或奖励机制，鼓励儿童遵守学校的规则和指令。可以使用奖励点数、徽章或特殊待遇等方式来激励儿童。重要的是让他们明白遵守规则的积极影响和奖励，从而增强他们的自律意识。

（5）规则反馈讨论：定期进行规则反馈讨论，鼓励儿童分享他们对学校规则的看法和体验。通过讨论，了解他们在遵守规则方面的挑战和困难，提供积极的支持和建议，帮助他们更好地理解和遵守学校的规则。

这些活动旨在帮助儿童理解和实践学校规则的重要性，培养他们遵守规则和指令的能力。

第四节 认识社交礼仪

一、基本社交礼仪

（1）角色扮演：设计一些社交场景的角色扮演活动，让儿童扮演不同的角色，如朋友、家庭成员、老师等。通过角色扮演，让他们模拟真实生活中的社交互动，学习如何与他人交谈、表达意见、展示尊重和关心。

（2）社交游戏：选择一些社交游戏，如问候游戏、感谢游戏、交流挑战等。这些游戏可以帮助儿童学会适当地与他人互动和表达，如问候他人、感谢他人的帮助、提出礼貌的请求等。

（3）社交情景模拟：设计一些社交情景，如面对面交流、合作游戏、分享活动等，让儿童在模拟环境中实践社交礼仪。通过模拟情景，引导他们注意非言语沟通、分享和合作的重要性，并提供反馈和指导。

（4）社交规则学习：选择一些常见的社交规则和礼仪，如打招呼、说谢谢、等待轮到自己等，通过绘本、图片或视频等方式向儿童介绍和学习这些规则。并与儿童一起练习和应用这些规则，让他们在日常生活中逐步养成良好的社交习惯（见图5-5）。

图5-5 一起阅读

（5）观察和反馈训练：观察儿童的社交互动，并提供积极的反馈和指导。例如，在儿童与他人交流时，注意他们的非言语表达、礼貌用语和沟通技巧，并及时给予肯定和指导，帮助他们改进和提升社交礼仪。

这些活动旨在帮助儿童学习和实践基本的社交礼仪，培养他们的社交技能和互动能力。

二、电话应对

（1）角色扮演电话对话：设计一些电话对话的角色扮演活动，让儿童扮演不同的角色，如接听方、拨打方、客服人员等。通过角色扮演，让他们模拟真实的电话交流，学习电话礼仪和沟通技巧，如打招呼、表达清晰、倾听对方等。

（2）电话问候游戏：创建一些情景，让儿童在电话中进行问候和交流。例如，让他们模拟给亲友打电话祝贺生日或节日，练习用恰当的语言表达祝福和关心。通过游戏化的方式，让儿童在轻松有趣的氛围中练习电话应对的技巧。

（3）社交情景模拟：设计一些常见的社交情景，如预约、询问信息、请求帮助等，让儿童在电话中模拟这些情景的对话。通过模拟情景，引导他们学习如何礼貌地提问、倾听对方、表达意见和感谢等，培养他们的电话应对能力。

（4）电话游戏挑战：设计一些电话游戏挑战，如电话迷宫、电话问答等。通过这些挑战，鼓励儿童积极参与电话交流，并提供指导和反馈。这样的活动可以帮助他们熟悉电话交流的过程和技巧，并提升他们的沟通能力。

（5）观察和反馈训练：观察儿童进行电话交流，并提供积极的反馈和指导。注意他们的语速、语调、清晰度等方面，并帮助他们改进和提升电话应对的技巧。逐渐培养他们的自信心和自我评估能力。

这些活动旨在帮助儿童学习和实践有效的电话应对技巧，培养他们的电话交流能力和自信心。

75

三、进食礼仪

（1）餐桌礼仪教学：设计一些关于餐桌礼仪的教学活动，如用绘本、图片或视频向儿童介绍正确的进餐姿势、使用餐具的方法、用餐时的礼貌用语等。通过教学，帮助儿童了解餐桌礼仪的重要性和作用（见图5-6）。

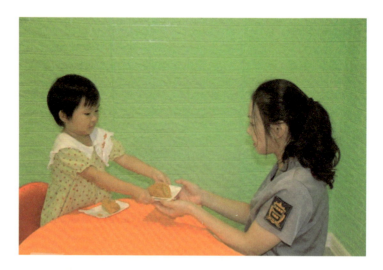

图 5-6 分享蛋糕

（2）角色扮演进餐：安排角色扮演活动，让儿童在模拟餐桌环境中进食。可以设定不同角色，如主人、客人等，让儿童练习在特定角色下表现得有礼貌、文雅，并遵循餐桌礼仪。

（3）用餐游戏：设计一些有趣的用餐游戏，例如"进餐接力赛"，让儿童在游戏中练习正确的进餐动作和餐桌礼仪。游戏化的方式可以增加儿童的兴趣和参与度。

（4）观察和模仿：带领儿童到一些适合的场所观察成年人的用餐礼仪，例如餐厅或家庭聚餐，让他们学习观察和模仿成年人的优雅举止。

（5）餐桌礼仪练习：组织餐桌礼仪练习，让儿童在实际用餐中练习所学的礼仪知识。提醒他们注意进餐的姿势、咀嚼食物的方式、谈话的音量等，以帮助他们养成良好的用餐习惯。

第六章 情绪表现训练项目指南

第一节　依附行为训练项目

一、对成人的回应作出反应

1. 社交角色扮演

设计一些社交角色扮演活动，让儿童扮演成人的角色，例如家长、老师、医生等并与儿童扮演者进行互动，并学习如何适当地回应儿童扮演者的提问、请求和表达。

2. 情景模拟

设计一些常见的情景，如儿童向成人提问、请求帮助、分享喜悦或困扰等，引导儿童在模拟的情景中学习如何回应和与成人进行交流。康复师提供指导和反馈，帮助儿童逐步掌握适当的回应方式。

3. 观察和讨论

观察成人与儿童的互动，引导儿童观察成人的表达方式、肢体语言和语气，并与他们一起讨论这些互动的含义和合适的回应方式。通过观察和讨论，帮助儿童理解和学习与成人进行有效互动的技巧。

4. 游戏化互动

选择一些互动游戏，如问题回答游戏、对话接龙等。通过游戏的方式，让儿童在轻松有趣的环境中练习回应成人的能力，培养他们的观察力、倾听力和逻辑思维。

5. 反馈和指导

在儿童与成人进行互动时，提供及时的反馈和指导。引导他们注意有效沟通的要素，如尊重，倾听，礼貌，和清晰表达，并给予积极的鼓励和认可。

79

这些活动旨在帮助儿童学习如何适当地回应成人的互动，并培养他们与成人进行有效交流的能力。重要的是给予持续的支持和积极的鼓励，让儿童逐步建立起良好的互动习惯，并将其应用于日常生活和与成人的互动中。此外，这些活动的设计应根据儿童的特殊需求和康复目标进行个性化调整。

二、期望与照顾者亲近

1. 情感表达绘画

提供给儿童一些绘画材料，让儿童画出自己与照顾者亲近的场景或情感。鼓励儿童用色彩、形状和图像来表达自己的期望、感受和需求。后续可以与照顾者一起讨论绘画作品，并促进彼此的亲密关系。

2. 情感共享游戏

选择一些情感共享的游戏，如情感猜猜猜、情感标签等。通过这些游戏，儿童学会识别和表达自己的情感，并与照顾者进行积极的情感互动。这有助于增强儿童的情感认知和表达能力。

3. 亲密接触活动

设计一些亲密接触的活动，如拥抱、握手、亲吻等。在安全、亲密的环境中，鼓励儿童主动向照顾者表达自己对亲近的需求，并给予他们积极的回应和反馈（见图6-1）。

图6-1　儿童与康复治疗师拥抱

4. 情感日记

鼓励儿童记录自己与照顾者的亲近体验和情感变化。可以提供一个情感日记本或使用电子媒体，让儿童在日记中写下自己的想法、感受和期望。这有助于他们认识自己的情感，并与照顾者分享。

5. 感官互动

设计一些感官互动的活动，如按摩、亲密的目光接触、分享音乐等。通过感官的刺激和互动，儿童可以感受到照顾者的关爱和关注，并激发他们表达亲近的愿望。

第二节　识别情绪的能力

一、回应别人的情绪

1. 情感识别游戏

设计一些情感识别游戏，如情感卡片配对、表情猜猜猜等。通过这些游戏，儿童学会观察和识别他人的情感表达，如喜悦、悲伤、愤怒等，并与之相关联。这有助于提高他们的情感辨别能力。

2. 情感角色扮演

安排情感角色扮演活动，让儿童扮演不同情感的角色，如快乐的小朋友、伤心的小朋友等。通过角色扮演，他们可以体验和理解不同情感，并学会回应他人的情绪表达。

3. 同理心训练

通过故事、绘本或视频，向儿童展示不同人物的情感和经历。引导儿童思考这些人物的情感，并鼓励儿童表达对他人情感的理解和同理心。

4. 情感分享圈

组织情感分享圈，鼓励儿童分享自己的情感和经历。通过倾听和分享，儿童学会关注他人的情绪，并回应他人的情感表达。鼓励儿童提出问题、给予支持和鼓励，以增强他们的情感回应能力。

5. 观察和反馈

观察儿童与他人互动的情境，并及时提供观察和反馈。引导儿童注意他人的情感表达，并鼓励他们以适当的方式回应。提供肯定和建设性的反馈，帮助儿童不断改进和发展情感回应的能力。

这些活动旨在帮助儿童发展情绪智力和社交技能，以更好地回应别人的情绪表达。关键是创建一个支持、尊重和理解的环境，鼓励儿童表达和分享自己的情感。

二、认识比较复杂的情绪

1. 情感识别游戏

设计一些情感识别游戏，如情绪大年轮（桌游），让儿童在抽象情绪如：心烦、害羞、羞愧、内疚、失望、自信等情绪中进行感知和识别，学会分享情绪感受。

2. 情感角色扮演

创设情感主题游戏，如"今天我是小小主持人（情绪表达：自信），下雨了不能去超市（情绪表达：失望），踢球砸碎了玻璃（情绪表达：内疚）"等。通过角色扮演，让儿童体验和理解不同情感，学会共情，建立同理心。

3. 同理心训练

通过情绪因果关系卡片，让儿童观察描述卡片上的故事，角色扮演卡片上的人物和情节，在情感体验中完成同理心训练。

4. 情感分享沙龙

通过沙龙的形式，鼓励儿童进行一周以来的情感分享。

5. 观察和反馈

观察儿童与他人互动时的情境，引导儿童注意观察他人的情绪情感，即学习察言观色，帮助儿童不断改进情感回应的能力。

这些活动旨在帮助儿童发展情绪智力和社交技能，以更好地回应别人的情绪表达。

第三节　认识个人的情绪

一、适当地表达情绪

1. 情绪认知游戏

设计一些情绪认知游戏，如情绪分类游戏、情绪表情拼图等。通过这些游戏，儿童学会识别和区分不同的情绪，并理解情绪与身体感受、行为反应之间的关系。

2. 情绪表达绘画

提供给儿童一些绘画材料，让他们用颜色、线条和形状表达自己的情绪。鼓励儿童将内心的感受转化为图画形式，并与照顾者分享自己的绘画作品。后续可以进行讨论和交流，帮助他们准确地表达情绪。

3. 情绪日记

鼓励儿童记录自己每天的情绪和触发情绪的事件。可以提供一个情绪日记本或使用电子媒体，让儿童写下自己的情绪及其背后的原因。这有助于他们更好地了解自己的情绪，并寻求适当的方式来表达。

4. 情绪角色扮演

设计一些情绪角色扮演活动，让儿童扮演不同情绪的角色，并在角色扮演中学习如何适当地表达情绪。通过模拟情境，让他们练习使用言语、肢体语言和面部表情来表达不同的情绪。

5. 情绪分享圈

组织情绪分享圈，鼓励儿童分享自己的情绪和经历。提供一个支持性的环境，让他们感到安全和被理解。鼓励儿童用言语表达自己的情绪，并给予支持和反馈。

二、调节或处理自己的情绪

培养儿童调节或处理情绪的康复训练可以帮助他们学会认识、理解和控制自己的情绪，以及采取积极的情绪调节策略。

1. 情绪认知练习

设计一些情绪认知练习，如情绪图谱绘制、情绪排序等。让儿童识别不同的情绪，并了解与每种情绪相关的身体感受、触发因素和行为反应。这有助于他们更好地认识和理解自己的情绪。

2. 情绪探究游戏

选择一些情绪探究游戏，如情绪角色扮演、情绪瓶制作等。通过参与这些游戏，儿童可以探索自己的情绪，了解情绪的起因和变化，并尝试不同的情绪调节策略。

3. 情绪放松练习

教授儿童一些情绪放松的练习，如深呼吸、肌肉放松等。这些练习有助于儿童在情绪激动或焦虑时平静自己的身心，并促进情绪的调节和平衡（见图6-2）。

图 6-2　深呼吸

4. 情绪日记

鼓励儿童建立情绪日记的习惯。他们可以记录每天的情绪和相关事件，并思考自己的情绪反应以及采取的调节策略。这有助于他们认识到情绪与事件之间的关系，并发展积极的情绪调节技巧。

5.情绪管理小组讨论

组织小组讨论，让儿童分享自己的情绪管理经验和策略。通过互相交流和分享，儿童可以学习他人的经验和观点，并从中获取有效的情绪调节技巧。

第七章 社交模仿训练活动设计

第一节　认识自己与他人相同的身体部位

儿童辨别各个身体部位是日常生活中的基本技能，这对于他们的身体认知和语言发展都非常重要。在康复训练中，帮助儿童辨别各个身体部位可以增加他们的身体认知，丰富他们的词汇量，并提高语言表达能力。

1. 触摸认知

让儿童用手指触摸自己和他人的不同身体部位，并学习认识每个部位的名称。可以通过轻轻触摸头、手、脚、脸等来进行认知训练。

2. 视觉认知

使用图片、卡片或绘本等视觉工具，向儿童展示各个身体部位，并指导他们认识每个部位的名称。可以逐步增加图片的复杂程度和数量，帮助儿童进行视觉认知训练。

3. 儿歌和游戏

以身体部位为主题，创作简单的儿歌或游戏，引导儿童在歌曲或游戏中认识各个部位的名称。例如儿歌《头、肩膀、膝盖、脚趾》（见图7-1）。

4. 镜子游戏

让儿童站在镜子前观察自己的身体，指着不同的部位并说出名称。通过观察镜子中的自己，儿童可以加深对身体部位的认知。

5. 身体部位拼图

制作一些身体部位的拼图，让儿童将各个身体部位拼成完整的图片。在拼图过程中，可以帮助他们学习每个身体部位的名称。

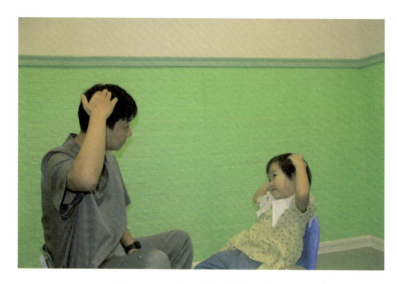

图 7-1　通过儿歌熟悉身体部位

6. 身体部位配对

准备一些身体部位的图片卡片，每张卡片上都有一个部位的图片和名称。让儿童将图片和名称进行配对，帮助他们加深记忆。

7. 动作游戏

设计一些动作游戏，让儿童根据指令做出相应的动作。例如，"摸摸你的头""用手指指你的鼻子"。

8. 穿衣游戏

通过穿衣游戏，让儿童说出穿在身体各个部位的衣物名称，如"手戴手套""头戴帽子"。

9. 问答练习

向儿童提问有关身体部位的问题，要求他们用语言回答。例如，"你的眼睛在哪里？""你的脚在哪里？"等问题。

10. 感知识别游戏

首先用一只手蒙住儿童的眼睛，然后用另一只手触摸他们的不同身体部位，让他们通过触觉识别出所触摸到的部位名称。

第二节　模仿的动机

一、对他人言语和行为的兴趣

训练儿童对他人言语和行为的兴趣是促进社交互动和人际交往的重要环节。在康复训练中，培养儿童对他人言语和行为的兴趣可以提高他们的社交技能、情感认知和语言表达能力。

1. 培养儿童对他人言语的兴趣

（1）故事讲述：鼓励儿童讲述自己的经历、观点或感受。可以是简短的日常经历，也可以是想象的故事。通过讲述故事，儿童可以展示自己的语言表达能力，并吸引他人的关注和兴趣。

（2）角色扮演：设计一些角色扮演情景，让儿童在其中扮演不同的角色。角色扮演可以让儿童体验不同情境下的言语交流，增加他们对他人言语的兴趣。

（3）听故事：组织儿童听故事，可以是成人讲述故事，也可以是其他儿童讲述自己的经历。通过聆听他人的言语，儿童可以学习倾听和理解他人的表达。

（4）诗歌和儿歌：教授儿童一些诗歌和儿歌，让儿童通过歌曲表达自己的情感和观点。歌曲具有节奏感和韵律，可以增加儿童对言语的兴趣。

（5）问题回答游戏：设计一个问题回答游戏，让儿童回答有趣的问题。问题可以是有关日常生活的，也可以是想象的情景。这个游戏可以激发儿童对他人言语的兴趣。

2. 培养儿童对他人行为的兴趣

（1）观察活动：组织儿童观察他人的行为，例如，观察其他儿童的游戏或学习行为。观察活动可以增加儿童对他人行为的兴趣，并学习通过观察他人来了解他们的意图和情感。

（2）模仿游戏：设计一些模仿游戏，让儿童模仿他人的行为。模仿是儿童学习和社交的重要方式，可以增加儿童对他人行为的兴趣。

（3）友好互动：鼓励儿童参与友好互动，与他人一起玩耍、合作和交流。友好互动可以帮助儿童建立积极的社交关系，增加他们对他人行为的兴趣。

（4）感知识别游戏：设计感知识别游戏，让儿童观察他人的表情和行为，并根据观察结果进行认知和解释。这个游戏可以增加儿童对他人情感和行为的兴趣。

（5）合作游戏：安排一些合作游戏，让儿童与他人一起完成任务和活动。合作游戏可以增强儿童的合作意识和团队精神，增加他们对他人行为的兴趣。

3. 培养儿童对他人言语和行为兴趣的康复训练方法

（1）积极鼓励：在康复训练中，要积极鼓励儿童表达自己的观点和情感，以及观察和理解他人的言语和行为。给予儿童积极的反馈和奖励，激发儿童对他人言语和行为的兴趣。

（2）创造友好的环境：在康复训练中，创造友好的氛围，让儿童感到舒适和放松。友好的环境可以增加儿童对他人言语和行为的兴趣。

（3）适度挑战：在康复训练中，要适度挑战儿童，鼓励他们尝试新的言语和行为表达方式。适度挑战可以激发儿童对他人言语和行为的兴趣。

（4）兴趣导向：了解儿童的兴趣和喜好，根据他们的兴趣设计相关的康复训练活动。兴趣导向可以增加儿童参与康复训练的积极性和主动性。

（5）家庭支持：家庭成员的支持和参与对于儿童的康复训练至关重要。家长可以在日常生活中创造机会，让儿童与他人进行交流和互动，增加他们对他人言语和行为的兴趣。

二、模仿的需要

儿童模仿是一种重要的学习和社交技能，通过模仿他人的行为和言语，儿童可以学习新知识、掌握社交规则，并逐渐发展出自己独特的个性。在康复训练中，培养儿童的模仿能力可以促进他们的认知发展、语言交流和社交互动。

1. 培养儿童模仿能力的康复训练方法

（1）示范模仿：成人或其他儿童可以进行示范，首先展示某种动作、行为或言语表达，然后鼓励儿童模仿示范的内容。例如，示范做出一个简单的手势，然后要求儿童跟着做出相同的手势。

（2）动作模仿游戏：设计一些动作模仿游戏，让儿童模仿他人的动作。游戏可以包括模仿动物的动作、模仿日常生活中的动作等。

（3）语言模仿游戏：设计一些语言模仿游戏，让儿童模仿他人的言语表达。可以是简单的问答游戏，也可以是角色扮演中的对话模仿。

（4）音乐和舞蹈：通过音乐和舞蹈，鼓励儿童模仿其中的动作。音乐和舞蹈具有很强的吸引力，可以增加儿童的模仿兴趣。

（5）故事角色扮演：选择一些熟悉的故事情节，让儿童扮演其中的角色，并模仿角色的言语和行为。角色扮演可以激发儿童的创造力和想象力。

（6）群体模仿：将儿童分为小组，每个小组轮流进行模仿表演，其他小组的成员要观察并猜测他们正在模仿的内容。

（7）用具模仿：使用一些简单的工具或玩具，让儿童模仿使用工具的动作。例如，模仿使用电话、模仿使用锤子等。

（8）自我模仿：鼓励儿童自己发挥创意，进行自我模仿。例如，他们可以模仿自己的动作、言语或表情。

（9）反转模仿：鼓励儿童进行反转模仿，即让他们模仿其他人的模仿行为。例如，成人进行一个动作，然后儿童模仿成人的模仿动作。

（10）视频模仿：利用视频或动画，让儿童观看其他儿童或角色的模仿表演，并鼓励他们模仿其中的内容。

2. 培养儿童模仿能力的康复训练方法

（1）积极鼓励：在康复训练中，要积极鼓励儿童参与模仿活动，并给予他们积极的反馈和奖励。积极的鼓励可以增加儿童的自信心，促进模仿能力的发展。

（2）示范引导：在模仿活动中，可以给儿童进行示范引导，帮助他们正确理解和模仿。示范引导可以帮助儿童逐步掌握模仿的技能。

（3）个体化训练：根据儿童的个体差异，设计个性化的模仿训练计划。一些儿童可能对动作模仿更感兴趣，而另一些儿童可能对语言模仿更感兴趣。

（4）鼓励多样性：鼓励儿童进行多样化的模仿活动，不仅包括动作和言语的模仿，还可以包括角色扮演、音乐和舞蹈等多种形式。

（5）合作模仿：安排一些合作模仿活动，让儿童与他人一起模仿，增加他们的社交互动频次和提高合作意识。

第三节　模　仿　动　作

一、察觉他人的行为

教授儿童察觉他人的行为是一项重要的社交技能，对于建立良好的人际关系和理解他人的情感和意图非常关键。在康复训练中，培养儿童察觉他人的行为可以促进他们的社交认知、情感认知和交往能力。

1. 积极鼓励

在康复训练中，要积极鼓励儿童观察他人的行为，并给予他们积极的反馈和奖励。积极的鼓励可以增强儿童的自信心，提高他们的观察能力。

2. 示范引导

在观察训练中，可以给儿童进行示范引导，帮助他们正确理解和观察。示范引导可以帮助儿童逐步掌握观察的技巧和方法。

3. 情感认知

在观察训练中，要注重培养儿童对他人情感的认知能力。让儿童学会通过观察他人的面部表情、语言和肢体语言来理解他们的情感。

4. 情境理解

帮助儿童学会将观察到的行为放入特定的情境中理解。让他们明白，人的行为往往受到情境和意图的影响。

5. 社交交流

鼓励儿童与他人进行交流和沟通，通过与他人交流，可以更深入地了解他人的行为和意图。

二、观察他人的行为

1. 示范观察

成人或其他儿童可以进行示范，展示观察他人行为的方法和技巧。例如，示范注视他人的面部表情、身体姿势等，并解释这些行为可能代表的情感和意图。

2. 观察游戏

设计一些观察游戏，让儿童观察他人的行为并回答相关问题。例如，观察一段短视频，然后回答视频中人物的情感和意图。

3. 情绪认知训练

针对儿童情绪认知的能力，设计一些情绪认知训练活动。让儿童辨认他人的情绪，例如，通过面部表情、语言和肢体语言等。

4. 角色扮演

设计一些角色扮演情境，让儿童在对话中观察和理解他人的行为。角色扮演可以帮助儿童模拟真实社交场景，提高他们的观察力和交往能力。

5. 感知识别游戏

设计感知识别游戏，让儿童观察他人的面部表情、姿势和动作，并回答相关问题。这个游戏可以帮助儿童提高对他人行为的敏感度。

6. 情境分析

给儿童提供一些社交情境，让他们分析情境中人物的行为和意图。例如，情境可能是两个儿童在争抢一个玩具，儿童需要观察他们的行为并判断他们的意图。

7. 故事讲述

鼓励儿童讲述自己观察到的社交情境，例如，他们在学校或家庭中观察到的他人行为。通过故事讲述，儿童可以分享自己的观察经验和体会。

8. 感知绘画

鼓励儿童用绘画的方式表达自己对他人行为的观察和感知。例如，让儿童画出自己看到的某个社交情境，并描述其中人物的行为和意图。

9. 群体观察

将儿童分为小组，每个小组观察一个社交情境，然后让他们汇报观察到的内容。通过群体观察，儿童可以相互学习和分享观察经验。

10. 家庭支持

家长在日常生活中给予儿童观察他人行为的机会，并与他们共同讨论观察到的内容。家庭支持对于儿童观察力的培养至关重要。

三、跟随他人的行为

1. 示范跟随游戏

成人或其他儿童可以进行示范，展示跟随他人的行为和动作。例如，示范一个简单的动作，然后鼓励儿童跟着做出相同的动作。

2. 动作跟随游戏

设计一些动作跟随游戏，让儿童跟随他人的动作。游戏可以包括模仿动物的动作、跟随领舞者的舞蹈等。

3. 语言跟随游戏

设计一些语言跟随游戏，让儿童跟随他人的言语表达。可以是简单的问答游戏，也可以是角色扮演中的对话跟随。

4. 音乐跟随

通过音乐，鼓励儿童跟随其中的节奏和动作。音乐具有很强的吸引力，可以增加儿童的跟随兴趣（见图 7-2）：

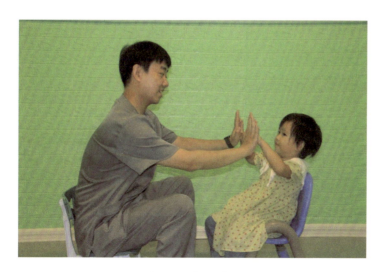

图 7-2　音乐律动

5. 故事角色扮演

设计一些角色扮演情境，让儿童扮演其中的角色，并跟随角色的行为和动作。角色扮演可以激发儿童的创造力和想象力。

6. 感知识别游戏

设计感知识别游戏，让儿童观察他人的行为，并跟随其中的动作和姿势。这个游戏可以帮助儿童提高跟随他人行为的能力。

7. 合作跟随

安排一些合作跟随活动，让儿童与他人一起完成任务和活动。合作跟随可以增强儿童的合作意识和团队精神。

8. 自我跟随

鼓励儿童自己发挥创意，进行自我跟随。例如，他们可以跟随自己的动作、言语或表情。

9. 反转跟随

鼓励儿童进行反转跟随，即跟随其他人跟随的行为。例如，成人进行一个动作，然后儿童跟随成人跟随的动作。

10. 视频跟随

利用视频或动画，让儿童观看其他儿童或角色的跟随表演，并鼓励他们跟随其中的内容。

第四节　模　仿　声　音

一、察觉他人的声音

1. 声音辨认游戏

设计一些声音辨认游戏，让儿童辨认不同的声音，并回答相关问题。例如，辨认动物的叫声、交通工具的声音等。

2. 情感声音辨别

针对儿童情感声音的辨别能力，设计一些情感声音辨别训练活动。让儿童辨认不同情感状态下的声音。

3. 角色扮演

设计一些角色扮演情境，让儿童模仿他人的声音。角色扮演可以帮助儿童模拟真实社交情境，提高他们的声音辨别能力。

4. 声音辨别绘画

鼓励儿童用绘画的方式表达自己对不同声音的辨别理解和感知。例如，让儿童画出不同声音所代表的物品或情境。

5. 音乐感知训练

利用音乐，让儿童辨别其中的不同声音。音乐感知训练可以提高儿童对声音的敏感度和辨别能力。

6. 家庭声音分享

在家庭中，鼓励家长与儿童分享不同声音的来源，并讨论不同声音所代表的意义。家庭声音分享可以加深儿童对声音的认知。

7. 合作辨别

安排一些合作辨别活动，让儿童与他人一起辨别不同声音，增加他们的社交互动和合作意识。

8.群体观察

将儿童分为若干个小组，每个小组观察一段声音的来源，然后让他们汇报观察到的内容。通过群体观察，儿童可以相互学习和分享观察经验。

二、观察他人说话

1.视觉注意力训练

儿童需要学会集中注意力观察他人的面部表情、嘴部动作和手势等，以全面理解对方的表达。进行一些视觉注意力训练活动，如找出不同表情的细微差别、观察嘴部动作的变化等。

2.情境角色扮演

设计一些情境角色扮演情境，让儿童模仿他人的说话方式和语调。角色扮演可以帮助儿童模拟真实社交情境，提高他们观察他人说话的能力。

3.听觉辨别训练

训练儿童辨别不同语气、语调、音量和节奏的声音。例如，让他们听一段录音，并回答有关说话者情感和意图的问题。

4.语言和身体语言配合

强调语言和身体语言之间的关联。鼓励儿童观察他人说话时的肢体动作、手势和面部表情，以获得更全面的信息。

5.情感认知训练

针对儿童情感认知的能力，设计一些情感认知训练活动。例如，通过观察他人说话的表情和语气来理解他们的情感状态。

6.听觉模仿游戏

设计一些听觉模仿游戏，让儿童模仿他人的说话方式和语调。游戏可以加深儿童对他人说话的观察和理解。

7.情感交流绘画

鼓励儿童用绘画的方式表达自己对他人说话的观察和感知。例如，让儿童画出他们认为不同说话方式所代表的情感和意图。

8. 家庭情感分享

在家庭中，鼓励家长与儿童分享自己的情感表达方式，并讨论不同说话方式所传递的信息。家庭情感分享可以加深儿童对他人说话的认知。

三、跟随他人的言语

1. 示范引导

成人或其他儿童可以进行示范，展示不同的言语表达方式，并解释这些表达方式的含义。例如，示范礼貌用语、请求帮助的言语等。

2. 言语模仿游戏

设计一些言语模仿游戏，让儿童模仿他人的言语表达。游戏可以包括模仿角色对话、模仿日常用语等。

3. 情境角色扮演

设计一些情境角色扮演情境，让儿童扮演其中的角色，并进行言语表达。角色扮演可以帮助儿童模拟真实社交情境，提高他们跟随他人言语的能力。

4. 语言配合肢体动作

强调言语和肢体动作之间的关联。鼓励儿童观察他人的肢体动作和言语表达，以获得更全面的信息。

5. 情感语言理解训练

针对儿童情感语言理解的能力，设计一些情感语言理解训练活动。例如，通过观察他人的语气和声调来理解他们的情感状态。

6. 家庭言语分享

在家庭中，鼓励家长与儿童分享不同的言语表达方式，并讨论不同言语的含义和用途。家庭言语分享可以加深儿童对他人言语的认知。

7. 合作言语表达

安排一些合作言语表达活动，让儿童与他人一起进行言语交流，增加他们的社交互动和合作意识。

8.群体观察

将儿童分为小组，每个小组观察一段言语表达的视频或音频，然后让他们汇报观察到的内容。通过群体观察，儿童可以相互学习和分享观察经验。

第五节　模　仿　表　情

一、察觉他人的表情

1.示范表情

成人或其他儿童可以进行示范，展示不同表情的面部表现，并解释这些表情所代表的情感。例如，示范高兴、生气、伤心等不同的表情。

2.情感表情游戏

设计一些情感表情游戏，让儿童辨认不同的表情并回答相关问题。例如，看图辨认人物的表情，并说出他们可能的情感。

3.角色扮演

设计一些角色扮演情境，让儿童扮演其中的角色，并表现出相应的表情。角色扮演可以帮助儿童模拟真实社交情境，提高他们的情感表达能力。

4.情感认知训练

针对儿童情感认知的能力，设计一些情感认知训练活动。例如，通过图像、故事情节等方式，让儿童理解不同情感表情的含义。

5.情绪绘画

鼓励儿童用绘画的方式表达自己对不同情感表情的理解和感知。例如，让儿童画出高兴、生气、伤心等表情，并描述其中情感的特点。

6.家庭情感分享

在家庭中，鼓励家长与儿童分享自己的情感表达，并讨论不同表情所代表的情感。家庭情感分享可以加深儿童对情感表情的认知。

7.情感交流

鼓励儿童与他人进行情感交流和表达。例如，让他们分享自己的情感，同时倾听他人的情感表达。

8.群体观察

将儿童分为小组，每个小组观察一段情感表情的视频或图片，然后让他们汇报观察到的内容。通过群体观察，儿童可以相互学习和分享观察经验。

二、观察他人的表情

1.示范表情

成人或其他儿童可以进行示范，展示不同表情的面部表现，并解释这些表情所代表的情感。例如，示范高兴、生气、伤心等不同的表情。

2.表情辨认游戏

设计一些表情辨认游戏，让儿童辨认不同的表情，并回答相关问题。例如，看图辨认人物的表情，并说出他们可能的情感。

3.情感表情绘画

鼓励儿童用绘画的方式表达自己对不同情感表情的理解和感知。例如，让儿童画出高兴、生气、伤心等表情，并描述其中情感的特点。

4.情感认知训练

针对儿童情感认知的能力，设计一些情感认知训练活动。例如，通过图像、故事情节等方式，让儿童理解不同情感表情的含义。

5.角色扮演

设计一些角色扮演情境，让儿童扮演其中的角色，并表现出相应的表情。角色扮演可以帮助儿童模拟真实社交情境，提高他们的情感表达能力。

6. 家庭情感分享

在家庭中，鼓励家长与儿童分享自己的情感表达，并讨论不同表情所代表的情感。家庭情感分享可以加深儿童对情感表情的认知。

7. 合作观察

安排一些合作观察活动，让儿童与他人一起观察不同表情，增加他们的社交互动和合作意识。

8. 群体观察

将儿童分为小组，每个小组观察一段表情的视频或图片，然后让他们汇报观察到的内容。通过群体观察，儿童可以相互学习和分享观察经验。

三、回应他人的表情

1. 情感表情游戏

设计一些情感表情游戏，让儿童观察他人的表情，并学习合适的回应。例如，当看到他人高兴时，鼓励儿童学会用笑容回应。

2. 角色扮演

设计一些情境角色扮演情境，让儿童扮演其中的角色，并通过表情回应他人的表情。角色扮演可以帮助儿童模拟真实社交情境，提高他们的情感表达能力。

3. 情感分享活动

鼓励儿童在小组或家庭中分享自己的情感，并学习他人的回应。通过情感分享活动，儿童可以理解不同表情所代表的情感，并学会适当回应。

4. 表情绘画

鼓励儿童用绘画的方式表达自己对他人表情的理解和感知。例如，让儿童画出不同表情，并描述自己会如何回应这些表情。

5. 情感认知训练

针对儿童情感认知的能力，设计一些情感认知训练活动。例如，通过观察他人的表情来理解他们的情感状态，并学会适当回应。

6. 情感角色反转

设计一些情感角色反转的情境，让儿童扮演不同情感的角色，并学习不同情感所需的回应方式。

7. 家庭情感交流

在家庭中，鼓励家长与儿童进行情感交流，学习回应他人表情的技巧。家庭情感交流可以加深儿童对他人表情的认知。

8. 合作回应

安排一些合作回应活动，让儿童与他人一起观察不同表情，并学习如何合作回应。增加他们的社交互动和合作意识。

第八章 情感表达及社交互动

第一节　面部表情

一、认识自己的面部表情

1. 面部表情绘画

鼓励儿童用绘画的方式表达自己对不同面部表情的认识和感知。例如，让儿童画出高兴、生气、伤心等表情，并描述这些表情所代表的情感。

2. 情感镜像游戏

让儿童在镜子前观察自己的面部表情，并尝试模仿不同的情感对应的面部表情。情感镜像游戏可以帮助儿童认识自己的面部表情，并理解不同情感的特点。

3. 情感认知训练

针对儿童情感认知的能力，设计一些情感认知训练活动。例如，通过观察自己的面部表情来理解自己的情感状态。

4. 情感自述练习

鼓励儿童用语言描述自己的面部表情和情感状态。例如，当儿童感到高兴时，鼓励他们用语言描述自己的面部表情和情感感受。

5. 情感角色扮演

设计一些情感角色扮演情境，让儿童扮演其中的角色，并通过面部表情表达不同情感。情感角色扮演可以帮助儿童理解自己和他人的情感表达。

6. 情感分享活动

鼓励儿童在小组或家庭中分享自己的情感，并学习对他人的情感进行恰当的回应。通过情感分享活动，儿童可以理解自己的面部表情和情感，并学会适当的表达。

7. 家庭情感交流

鼓励家长在家里与儿童进行情感交流，儿童可以理解自己的面部表情和情感。家庭情感交流可以促进儿童对自己面部表情的认知。

8. 情感反馈

给予儿童积极的情感反馈和鼓励，在他们认识自己面部表情时及时给予表扬，以增加他们的自信心和学习动力。

二、留意他人的面部表情

1. 情感表情绘画

鼓励儿童用绘画的方式表达对所观察到的不同面部表情的理解和感知。例如，让儿童画出高兴、生气、伤心等表情，并描述这些表情所表达的情感。

2. 情感表情识别游戏

设计一些情感表情识别游戏，让儿童观察他人的面部表情，并回答相关问题。例如，看图识别人物的表情，并说出他们可能的情感。

3. 情感表情配对游戏

提供一组不同的情感表情图片，让儿童将相同情感的表情图片配对。这个游戏可以帮助儿童学会区分不同的面部表情，并理解这些表情所表达的情感。

4. 面部表情观察练习

鼓励儿童在日常生活中注意他人的面部表情。可以设置固定时间段，让儿童在这段时间内持续观察他人的表情，并记录下所观察到的情感。

5. 情感角色扮演

设计一些情感角色扮演情境，让儿童扮演其中的角色，并通过面部表情表达不同情感。情感角色扮演可以帮助儿童理解他人的情感表达。

6. 家庭情感交流

鼓励家长在家里与儿童进行情感交流，帮助儿童理解他人面部表情的表达技巧。家庭情感交流可以促进儿童对他人面部表情的认知。

7. 情感分享活动

鼓励儿童在小组或家庭中分享他人的面部表情和情感，并学习适当回应。通过情感分享活动，儿童可以留意他人面部表情，并学会作出适当的情感回应。

8. 合作观察

安排一些合作观察活动，让儿童与他人一起观察不同面部表情，并共同讨论观察到的情感。促进他们的社交互动并增强合作意识。

第二节　训练项目指南

一、放松训练治疗方法

（一）儿童放松训练的技巧

1. 设定目标

在康复治疗中，设定儿童情绪放松的目标，并根据儿童的年龄和能力制订合理的目标。逐步引导儿童实现目标，增加他们的成就感和学习动力。

2. 家长参与

鼓励家长参与儿童恰当情绪放松的康复治疗，家长可以成为儿童的良好榜样，并在日常生活中提供支持和指导。

3. 建立日常练习

帮助儿童建立日常放松练习的习惯，让他们将放松技巧融入日常生活中。例如，在睡前进行深呼吸练习，或者在学习感到紧张时进行自我冷静技巧练习。

4. 积极反馈

给予儿童积极的反馈和鼓励，在他们学会情绪放松技巧时及时给予表扬。积极的反馈可以增加儿童的自信心和学习动力。

5. 定期复习和强化

康复治疗应该定期进行复习和强化，帮助儿童巩固已学的技巧，并逐步提高技巧的复杂性和灵活性。

（二）儿童放松训练的康复治疗方法

1. 深呼吸练习

儿童深呼吸练习是一种简单有效的情绪放松技巧。让儿童坐或躺下，指导他们深吸气并慢慢地吐气。通过深呼吸练习，儿童可以放松身心，缓解儿童紧张和焦虑情绪。

2. 冥想和冥想练习

鼓励儿童参与冥想和进行冥想练习，引导他们专注于当下的感受和情绪，减少杂念和负面情绪的干扰。冥想可以帮助儿童提高情绪自我意识和自我调节情绪的能力。

3. 放松音乐疗法

使用舒缓的音乐和自然声音乐曲，帮助儿童放松身心，缓解紧张和压力。放松音乐疗法可以在家庭康复治疗中进行。

4. 情景想象练习

引导儿童进行情景想象练习，让他们想象一个令人愉快和放松的场景，例如在沙滩上晒太阳或在森林中漫步。情景想象可以帮助儿童在心理上缓解压力和紧张，从而获得放松感。

5. 肌肉松弛练习

指导儿童放松身体的各个部位，从头到脚逐一松弛肌肉。肌肉松弛练习可以帮助儿童释放身体紧张和压力。

6. 自我冷静技巧

指导儿童学会使用自我冷静技巧，例如倒数法、重复正向口号等，帮助他们在情绪激动时自我调节情绪。

7. 角色扮演

设计一些情境角色扮演情境，让儿童扮演其中的角色，并学会在压力情境中放松情绪和自我调节情绪。

8. 游戏化放松练习

将放松训练融入游戏中，让儿童在玩耍中学会放松情绪。例如，通过绘画、手工制作等方式让儿童参与有趣的放松训练。

二、情绪表达训练项目设计

1. 情感词汇学习

教授儿童情感词汇，帮助他们学会用语言准确表达自己的情绪。也可以使用图片、图表或卡片等工具，让儿童认识并灵活使用情感词汇。

2. 情感绘画

鼓励儿童用绘画的方式表达自己的情绪。让他们画出自己在不同情绪状态下的场景，并解释画中所表达的情感。

3. 角色扮演

设计一些情感角色扮演的情境，让儿童扮演其中的角色，并学会通过语言和表情表达不同情绪。角色扮演可以帮助儿童模拟真实情境，提高情感表达能力。

4. 情感分享活动

鼓励儿童在小组或家庭中分享自己的情感，并学习对他人作出恰当的回应。通过情感分享活动，儿童可以学会用语言表达自己的情感，并理解他人的情感。

5. 情感绘本阅读

选用适合儿童年龄的情感绘本，让儿童通过阅读绘本来认识和理解不同的情绪，并学习用语言表达情感。

6. 情感认知训练

针对儿童情感认知的能力，设计一些情感认知训练活动。例如，通过观察他人的表情来理解他们的情感状态，并学会适当回应。

7. 情感日记写作

鼓励儿童写情感日记，记录自己每天的情绪变化和感受。情感日记可以帮助儿童反思自己的情绪表达，提高自我意识和情感表达能力。

8. 情感游戏

设计一些情感游戏，让儿童在游戏中学会表达情感。例如，情感猜谜游戏，儿童需要用语言和表情描述某种情感，其他人猜测是什么类型的情感。

第三节　身　体　语　言

一、眼神接触

训练儿童用身体语言，特别是通过眼神接触来表达情绪，是一项重要的社交技能。眼神接触可以帮助儿童建立情感连接、加深人际交往，并表达自己的情感和意图。在康复治疗中，培养儿童眼神接触的能力可以提高他们的社交技能、情感认知和增加自信心。

1. 示范练习

首先给儿童进行示范，展示正确的眼神接触方式。然后要求儿童模仿示范，逐步学习与他人进行眼神接触。

2. 游戏化练习

设计一些游戏化的眼神接触练习，让儿童在游戏中学习和练习与他人进行眼神接触。例如，眼神接触接力赛，让儿童与多个人进行眼神接触，并观察对方的眼神回应。

3. 情感表情观察

引导儿童观察他人的面部表情，理解情感的表达，并尝试通过眼神接触来表达自己的情感。

4. 情感角色扮演

设计一些情感角色扮演情境，让儿童扮演其中的角色，并通过眼神接触表达不同情感。情感角色扮演可以帮助儿童学会在不同情境中运用眼神接触。

5. 情感交流练习

安排儿童与伙伴进行情感交流练习，通过眼神接触和面部表情来表达自己的情感和意图。在练习中，鼓励儿童积极参与，互相理解和及时回应。

6. 眼神接触游戏

设计一些专门的眼神接触游戏，让儿童在游戏中体验眼神接触的重要性，并增加他们与他人进行眼神交流的机会。

7. 家庭实践

鼓励家长在家庭中与儿童进行眼神接触的实践。家长与儿童进行亲密交流时，注意与他们进行眼神接触，示范良好的眼神交流方式。

8. 积极反馈

给予儿童积极的反馈和鼓励，在他们练习使用眼神接触时及时给予表扬。积极的反馈可以增加儿童的自信心和学习动力。

二、手势

1. 手势示范练习

给儿童进行手势示范，展示不同手势在情感表达中的作用。然后让儿童模仿示范，逐步学习正确运用手势表达情绪。

2. 情感手势游戏

设计一些情感手势游戏，让儿童在游戏中学习和练习不同手势的表达。例如，让儿童用手势表达高兴、生气、悲伤等不同情感。

3. 情感手势绘画

鼓励儿童用绘画的方式表达情感。让他们画出自己在不同情绪状态下的手势，并解释手势所表达的情感。

4. 情感角色扮演

设计一些情感角色扮演情境，让儿童扮演其中的角色，并通过手势表达不同情感。情感角色扮演可以帮助儿童学会在不同情境中运用手势。

5. 手势交流练习

安排儿童与伙伴进行手势交流练习，通过手势表达情感和意图。在练习中，鼓励儿童积极参与，互相理解和及时回应。

6. 家庭实践

鼓励家长在家庭中与儿童进行手势表达的练习。家长与儿童进行亲密交流时，注意运用手势表达情感和意图。

7. 积极反馈

给予儿童积极的反馈和鼓励，在他们练习和运用手势表达情绪时及时给予表扬。积极的反馈可以增加儿童的自信心和学习动力。

第四节　恰当回应他人

1. 声音辨别练习

教授儿童识别不同声音，例如人的声音、动物的声音、交通工具的声音等。并让他们通过听觉来辨别不同的声音。

2. 情感声音识别

引导儿童识别不同情感状态下的声音，例如高兴、生气、悲伤等。让他们学会从声音中感知他人的情感状态。

3. 情感声音表达

鼓励儿童用声音表达不同情感。让他们通过模仿声音来表达高兴、生气、悲伤等情感。

4. 情感声音游戏

设计一些情感声音游戏，让儿童在游戏中学习和练习回应不同情感声音。例如，听到高兴的声音时，儿童做出相应的表情和动作。

5. 情感声音角色扮演

设计一些情感声音角色扮演情境，让儿童扮演其中的角色，并通过声音表达不同情感。情感声音角色扮演可以帮助儿童在不同情境中运用声音回应他人。

6. 情感声音交流练习

安排儿童与伙伴进行情感声音交流练习，通过声音来表达情感和需求。在练习中，鼓励儿童积极参与，互相理解和回应。

7. 家庭实践

鼓励家长在家庭中与儿童进行情感声音的练习。家长在与儿童进行情感声音交流时，要注意回应儿童的声音表达。

8. 积极反馈

给予儿童积极的反馈和鼓励，在他们回应他人声音时及时给予表扬。积极的反馈可以增加儿童的自信心和学习动力。

第五节　与　人　合　作

一、延续他人的行为

1. 示范练习

首先给儿童进行示范，展示延续他人行为的正确方式。然后要求儿童模仿示范，逐步学习观察他人行为并进行模仿。

2. 角色扮演

设计一些角色扮演情境，让儿童扮演其中的角色，观察他人的行为并进行模仿。角色扮演可以帮助儿童在模拟情境中练习延续他人的行为。

3. 集体活动练习

安排儿童参与集体活动，例如集体游戏、集体体操等，并在活动中鼓励儿童观察他人的行为并进行模仿。

4.合作游戏

设计一些合作游戏，让儿童需要观察和学习他人的行为来完成任务。合作游戏可以帮助儿童学会在团队中延续他人的行为。

5.情景模拟

创建一些情景模拟活动，让儿童在情境中观察和模仿他人的行为。例如，模拟学校课堂、家庭活动等情境。

6.鼓励合作学习

在学习环境中，鼓励儿童进行合作学习，观察他人的学习行为，并学会延续他人的学习方法。

7.情感交流练习

安排儿童与伙伴进行情感交流练习，通过观察和学习他人的情感表达来回应和理解他人。

8.家庭实践

鼓励家长在家庭中与儿童进行延续他人行为的练习。家长可以成为儿童的好榜样，鼓励儿童观察和学习他们的行为。

二、回应他人的行为

1.示范练习

首先给儿童进行示范，展示回应他人行为的正确方式。例如，当有人向他们问好时，他们可以回应一个友善的问好，或者当有人生气时，他们可以表达理解和安慰的话语。然后要求儿童模仿示范，逐步学习正确的回应方式。

2.情景模拟

创建一些情景模拟活动，让儿童在模拟情境中练习回应他人的行为。例如，模拟与同学玩耍时的情境，让儿童回应他人的邀请、询问和分享。

3.角色扮演

设计一些角色扮演情境，让儿童扮演其中的角色，并在情境中回应他人的行为。角色扮演可以帮助儿童在模拟情境中练习回应他人的行为，并体会不同回应方式带来的结果。

4. 情感表达练习

引导儿童学会表达自己的情感，并学会回应他人的情感。例如，当他人表达高兴时，儿童可以回应积极的情感表达，增进情感联系。

5. 合作游戏

设计一些合作游戏，鼓励儿童与伙伴共同完成任务，并在游戏中回应他人的行为。合作游戏可以帮助儿童学会在合作中回应他人的需求和动作。

6. 情感交流练习

安排儿童与伙伴进行情感交流练习，通过及时回应他人的话语和行为来增进情感交流。在练习中，鼓励儿童积极参与，互相理解和回应。

7. 家庭实践

鼓励家长在家庭中与儿童进行回应他人的行为的实践。家长与儿童进行亲密交流时，注意回应他们的话语和行为。

8. 积极反馈

给予儿童积极的反馈和鼓励，在他们回应他人的行为时及时给予赞扬。积极的反馈可以增加儿童的自信心和学习动力。

第六节　互动及假想互动

一、喜欢与人互动

1. 游戏化互动

设计一些游戏化的互动活动，鼓励儿童与伙伴一起参与，通过游戏增进彼此之间的了解和信任。游戏可以是合作游戏、团队竞赛或者角色扮演游戏，让儿童在玩乐中享受与人互动的乐趣。

2. 情感表达练习

引导儿童学会表达自己的情感，并倾听和理解他人的情感。让儿童学会用言语、肢体语言或者绘画来表达情感，同时学会倾听和回应他人的情感表达。

3. 情景模拟

创建一些情景模拟活动，让儿童在模拟的情境中与他人互动。例如，模拟在学校中与同学合作学习，或者在家庭中与家人共同完成任务。情景模拟可以帮助儿童在安全的环境中练习与人互动的技能。

4. 角色扮演

设计一些角色扮演情境，让儿童扮演其中的角色，并在角色中与他人互动。角色扮演可以帮助儿童体验不同角色带来的感受，增加对他人的理解和尊重。

5. 集体活动参与

安排儿童参与集体活动，例如参加社区活动、学校活动或者假日庆典。集体活动可以提供儿童与他人互动的机会，促进彼此之间的交流和合作。

6. 家庭实践

鼓励家长在家庭中与儿童一起参与有趣的活动，增进亲子之间的互动。家长可以成为儿童最亲密的伙伴，为他们提供安全、温暖的环境，鼓励儿童与他人积极互动。

7. 积极反馈

给予儿童积极的反馈和鼓励，当他们表现出喜欢与人互动的行为时，及时给予赞扬和奖励。积极的反馈可以增加儿童的自信心和学习动力。

二、延续互动／假想延续互动

训练儿童延续互动或假想延续互动是一项重要的社交技能，对于儿童的社交发展和情感认知非常关键。延续互动指的是在一次互动之后，能够继续与他人进行交流和互动。假想延续互动是指在没有实际互动的情况下，通过假想或想象与他人进行互动。在康复治疗中，培养儿童延续互动或假想延续互动可以帮助他们建立持久的人际关系，增强社交能力和情感认知。

1. 情景游戏概念

创建以情景为核心的沉浸式游戏体验，让儿童在其中扮演不同的角色，进行沟通、社交与互动训练。

2. 情景游戏模拟

设计以情景为核心的沉浸式游戏体验，让儿童扮演社交、人际沟通等活动中的角色，并引导儿童尝试独立解决问题。

3. 绘画和手工制作

引导儿童用绘画、手工制作等方式创造虚拟情境，并在虚拟情境中延续互动或假想延续互动。例如，让儿童绘制自己在动物园与动物们玩耍的场景。

4. 游戏化互动

设计一些游戏化的互动活动，鼓励儿童与伙伴一起参与，通过游戏延续互动或假想延续互动。游戏可以是角色扮演游戏、沙盘游戏等，让儿童在玩乐中练习延续互动或假想延续互动的技能。

5. 家庭实践

鼓励家长在家庭中与儿童一起参与有趣的互动活动，增进亲子之间的互动。家长可以成为儿童最亲密的伙伴，在日常生活中鼓励他们与他人进行延续互动或假想延续互动。

6. 情感表达练习

引导儿童在游戏中关注同伴，学会察言观色，在活动评价、小组讨论中完成情感表达互动的活动。

第七节　耐　　性

一、训练耐心和等候

训练儿童耐心和等候是一项重要的情绪和行为调节技能，对于儿童的自我控制、社交发展和学习能力非常关键。耐心和等候意味着儿童能够在需要时延迟满足或回应，并在等待过程中保持冷静和积极。在康复治疗中，培养儿童耐心和等候可以帮助他们学会自我控制情绪、提高自制力，增强社交能力和学习成就。

1. 设定目标

在康复治疗中，设定儿童耐心和等候的目标，根据儿童的年龄和能力制定合理的目标。例如，要求儿童在等候时保持冷静，不发脾气或焦虑。

2. 示范练习

给儿童进行示范，展示耐心和等候的正确方式。例如，示范在等待时保持冷静和积极的表情，不作出冲动的回应。然后要求儿童模仿示范，逐步学习正确的等候方式。

3. 角色扮演

设计一些角色扮演情境，让儿童扮演其中的角色，并在角色中练习耐心和等候的技能。例如，模拟在等候队伍中的情境，让儿童练习耐心等待自己的机会。

4. 情感调节练习

引导儿童学会调节自己的情感，并在情感调节中练习耐心和等候。例如，当儿童感到焦虑或不耐烦时，引导他们通过深呼吸或自我冷静来调节情绪。

5. 积极鼓励

给予儿童积极的反馈和鼓励，当他们表现出耐心和等候的行为时，及时给予赞扬和奖励。积极的反馈可以增加儿童的自信心和学习动力。

6. 情景模拟

创建一些情景模拟活动，让儿童在模拟情景中练习耐心和等候的技能。例如，在游戏中设定一些等待任务，让儿童在等待过程中保持冷静和耐心。

7. 集体活动参与

安排儿童参与集体活动，例如参加社区活动、学校活动或者假日庆典。集体活动可以提供儿童等候的机会，促进他们在社交环境中学会耐心等候。

8. 家庭实践

鼓励家长在家庭中与儿童一起练习耐心和等候。家长可以成为儿童的榜样，教导他们如何在日常生活中保持耐心和等候。

二、接受挫折

1. 情绪认知练习

引导儿童认识和表达自己的情绪。在情绪认知练习中，教授儿童认识不同的情绪，并学习用言语或绘画表达自己的感受。同时，教授儿童在挫折面前如何调整自己的情绪，从而培养耐心。

2. 示范练习

给儿童进行示范，展示接受挫折和保持耐心的正确方式。例如，示范面对失败时保持冷静和积极的态度，思考如何改进。然后要求儿童模仿示范，逐步学习正确的情绪应对方式。

3. 情景模拟

创建一些情景模拟活动，让儿童在模拟情景中面对挫折，并练习接受挫折和保持耐心。情景模拟可以帮助儿童在安全的环境中逐渐适应挫折，增强应对能力。

4. 故事讲述

讲述一些关于接受挫折和耐心的故事，让儿童从中学习如何面对挫折和保持耐心。故事可以是真实的人物故事或者寓言故事。

5. 情感调节练习

引导儿童学会调节自己的情感，并在情感调节中练习接受挫折和保持耐心。例如，当儿童感到失望或沮丧时，引导他们通过深呼吸或自我安慰来调节情绪。

6. 积极鼓励

给予儿童积极的反馈和鼓励，当他们表现出接受挫折和保持耐心的

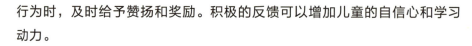
行为时，及时给予赞扬和奖励。积极的反馈可以增加儿童的自信心和学习动力。

7. 集体活动参与

安排儿童参与集体活动，例如参加团队竞赛、集体游戏或者演出。集体活动可以提供儿童面对挫折和培养耐心的机会，增强逆境应对能力。

8. 家庭实践

鼓励家长在家庭中与儿童一起练习接受挫折和培养耐心。家长可以成为儿童的榜样，教授他们如何在日常生活中保持积极的情绪态度。

参 考 文 献

［1］阿尔伯特·班杜拉.社会学习理论［M］.北京：中国人民大学出版社，2015.

［2］李汉松.心理学史方法论：西方心理学发展阶段论［M］.济南：山东教育出版社，2011.

［3］林崇德.发展心理学［M］.北京：人民教育出版社，2008.

［4］罗斯·D.帕克，阿莉森·克拉克·斯图尔特.社会性发展（心理学译丛·教材系列）［M］.北京：中国人民大学出版社，2014.

［5］王景瑶，刘果，杨姝同，等.心智化：概念及其评估方法［J］.国际精神病学杂志，2017，44（2）.

［6］王晓明.教育心理学［M］.北京：北京大学出版社，2015.

［7］协康会.孤独症儿童训练指南（全新版）［M］.广州：广东海燕电子音像出版社，2016.

［8］协康会.学前儿童训练指南——社交与情绪［M］.香港：协康会，2013.

［9］杨善华，谢立中.西方社会学理论［M］.北京：北京大学出版社，2017.

［10］约翰·鲍尔比.安全基地：依恋关系的起源［M］.北京：世界图书出版公司，2017.

［11］William Damon.儿童心理学手册［M］.6版.上海：华东师范大学出版社，2015.

［12］Adamson，L. B.，Bakeman，R.，Deckner，D. F.，et al.From interactions to conversations：The development of joint engagement during early childhood［J］.Child Development，2014，85（3）：941-955.

［13］Alagendran，K.，Hitch，D.，Wadley，C.，et al. Cortisol responsivity to social play in children with autism：A systematic review［J］.

Journal of Occupational Therapy, Schools, & Early Intervention, 2019, 12 (4): 427-443.

[14] Ashiabi, G. S. Promoting the emotional development of preschoolers [J]. Early Childhood Education Journal, 2000, 28: 79-84.

[15] Balasubramanian, L., Blum, A. M., Wolfberg, P. (2019). Building on early foundations into school: Fostering socialization in meaningful socio-cultural contexts [M]. The SAGE handbook of autism and education, 2019: 134-153.

[16] Barber, A. B., Saffo, R. W., Gilpin, A. T., et al. Peers as clinicians: Examining the impact of stay play talk on social communication in young preschoolers with autism [J]. Journal of Communication Disorders, 2016, 59: 1-15.

[17] Barnett, J. H. Three evidence-based strategies that support social skills and play among young children with autism spectrum disorders [J]. Early Childhood Education Journal, 2018, 46 (6): 665-672.

[18] Barry, L., Holloway, J., McMahon, J. A scoping review of the barriers and facilitators to the implementation of interventions in autism education [J]. Research in Autism Spectrum Disorders, 2020, 78: 101617.

[19] Bauminger-Zviely, N., Eytan, D., Hoshmand, S., et al. Preschool peer social intervention (PPSI) to enhance social play, interaction, and conversation: Study outcomes [J]. Journal of Autism and Developmental Disorders, 2020: 50 (3), 844-863.

[20] Beadle-Brown, J., Wilkinson, D., Richardson, L., et al. Imagining autism: Feasibility of a drama-based intervention on the social, communicative and imaginative behavior of children with autism [J]. Autism, 2018, 22 (8): 915-927.

[21] Catalano R F., Mazza J J., Harachi T W., et al. Raising healthy children through enhancing social development in elementary school: Results after 1.5 years [J]. Journal of School Psychology, 2003, 41 (2): 143-164.

[22] Choo, C. Adapting cognitive behavioral therapy for children and adolescents with complex symptoms of neurodevelopmental disorders and

conduct disorders［J］. Journal of Psychological Abnormalities in Children, 2014, 3（3）: 1-3.

［23］Hammond, S. I. Children's early helping in action: Piagetian developmental theory and early prosocial behavior［J］. Frontiers in Psychology, 2014, 5.

［24］Helt, M. S., Fein, D. A., Vargas, J.E. Emotional contagion in children with autism spectrum disorder varies with stimulus familiarity and task instructions［J］. Development and Psychopathology, 2020, 32: 383-393.

［25］Hunter L. J., DiPerna J C., Hart S. C., et al. At what cost? Examining the cost effectiveness of a universal social-emotional learning program［J］. School Psychology Quarterly, 2018, 33（1）: 147-154.

［26］Jones, D. E., Greenberg, M., Crowley, M. Early social-emotional functioning and public health: The relationship between kindergarten social competence and future wellness［J］. American Journal of Public Health, 2015, 105（11）: 2283-2290.

［27］Kininger R. L., O'Dell S. M., Schultz B. K. The feasibility and effectiveness of school-based modular therapy: A systematic literature review ［J］. School Mental Health, 2018, 10, 339-351.

［28］Lawson, G. M., McKenzie, M. E., Becker, K. D., et al. The core components of evidence-based social emotional learning programs ［J］. Prevention science: The Official Journal of the Society for Prevention Research, 2019, 20（4）: 457-467.

［29］Lyon A R., Ludwig K., Romano E., et al. Using modular psychotherapy in school mental health: Provider perspectives on intervention-setting fit［J］. Journal of Clinical Child & Adolescent Psychology, 2014, 43: 890-901.

［30］McKown C., Russo-Ponsaran N M., Johnson J K., et al. Web-based assessment of children's social-emotional comprehension［J］.Journal of Psychoeducational Assessment, 2016, 34: 322-338.

［31］McLeod B D., Sutherland K S., Martinez R G., et al. Identifying common practice elements to improve social, emotional, and behavioral outcomes of young children in early childhood classrooms〔J〕. Prevention Science, 2017, 18: 204-213.

〔32〕Merrell, K. W., Gimpel Peacock, G. Social skills of children and adolescents: Conceptualization, assessment, treatment〔M〕. New York: Psychology Press, 2014.

〔33〕Miniscalco, C., Rudling, M., Råstam, M., et al. Imitation(rather than core language)predicts pragmatic development in young children with ASD: A preliminary longitudinal study using CDI parental reports〔J〕. International Journal of Language & Communication Disorders, 2014, 49（3）: 75-369.

〔34〕Nixon, C. L., Watson, A. C. Family experiences and early emotion understanding〔J〕. Merrill-Palmer Quarterly, 2001, 47: 300 - 322.

〔35〕Sklad M., Diekstra R., Ritter M. D., et al. Effectiveness of school-based universal social, emotional, and behavioral programs: Do they enhance students' development in the area of skill, behavior, and adjustment?〔J〕. Psychology in the Schools, 2012, 49: 892-909.

〔36〕Stephan S H., Sugai G., Lever N., et al. Strategies for integrating mental health into schools via a Multi-Tiered System of Support〔J〕. Child and Adolescent Psychiatric Clinics of North America, 2015, 24: 211-231.

〔37〕Thümmler, R., Engel, E. M., Bartz, J. Strengthening emotional development and emotion regulation in childhood-as a key task in early childhood education〔J〕. International Journal of Environmental Research and Public Health, 2022, 19（7）: 3978.

〔38〕Weisz J. R. Testing standard and modular designs for psychotherapy treating depression, anxiety, and conduct problems in youth: A randomized effectiveness trial〔J〕. Archives of General Psychiatry, 2012, 69: 274.

〔39〕Worobey, J. Physical activity in infancy: Developmental aspects, measurement, and importance〔J〕. The American Journal of Clinical Nutrition, 2014, 99（3）: 729S-33S.

〔40〕Zeedyk, M. S., Heimann, M. Imitation and socio-emotional processes: Implications for communicative development and interventions〔J〕. Infant and Child Development, 2006, 15: 219-222.